प्राणियों का अद्भुत संसार

प्राणियों का अद्भुत संसार

कपिल शर्मा

वाणी प्रकाशन

वाणी प्रकाशन
4695, 21-ए, दरियागंज, नयी दिल्ली 110 002
शाखा
अशोक राजपथ, पटना 800 004
फ़ोन: +91 11 23273167 फ़ैक्स: +91 11 23275710
www.vaniprakashan.in
vaniprakashan@gmail.com

PRANIYON KA ADBHUT SANSAR
by Kapil Sharma

ISBN : 978-93-5229-669-9

संस्करण 2017

मूल्य : ₹ 195

न्यू कृष्णा ऑफ़सेट, दिल्ली-110 093 में मुद्रित

वाणी प्रकाशन का लोगो मक़बूल फ़िदा हुसेन की कूची से

अनुक्रम

प्राणी जगत

1. प्राणी कपड़े क्यों नहीं पहनते?

प्राणी अर्थात जीव-जंतु जिस परिवेश में रहते हैं, प्राणियों की शारीरिक बनावट भी उसी तरह की होती है। उदाहरणार्थ देवमछली (Whale) के शरीर पर चर्बी की मोटी सी परत जमी रहती है, ध्रुवीय-प्रदेश के भालुओं के शरीर पर मोटा सा कोट चढ़ा रहता है इसी वजह से वे उस प्रदेश के अत्यंत कम तापमान वाले क्षेत्र में आसानी से रह सकते हैं। तापमान के बदलाव को ठंडे रक्तवाले प्राणी सहजता से झेल लेते हैं।

मनुष्य अगर प्राणियों की तरह बदलते तापमान के साथ साम्य नहीं बैठा पाता इसके बावजूद विभिन्न प्रकार के वैज्ञानिक उपायों से इन पर विजय अवश्य प्राप्त करता है। ओवरकोट यानि मोटी परतवाला ढीला-ढाला वस्त्र पहनना भी एक उपाय कहा जा सकता है।

2. बिना कूबड़वाला ऊँट

दक्षिण अमेरिका की पर्वतमालाओं में बिना कुबड़वाले

ऊँट दिखायी पड़ते हैं। अंग्रेजी में इन्हें 'विकुना' (Vicuna) कहते हैं। बर्फीली सतह से पंद्रह हजार फुट की ऊँचाई पर इस तरह के ऊँट नजर आते हैं। आमतौर पर हमारे यहाँ सामान्य ऊँट के शरीर पर जिस तरह का कूबड़ होता है, इन प्रदेशों में ऐसे कूबड़ वाले ऊँट नहीं पाये जाते। उनके कंधे तीन फुट चौड़े होते हैं। वे छोटे-छोटे समूह बनाकर रहते हैं, बड़ी तेजी से दौड़ते हैं। पैनी नजर वाले इन ऊँटों की अपार सहनशक्ति होती है। ये कभी-कभार ही इंसानों को दिखायी देते हैं। बिन कूबड़वाले इन ऊँटों के शरीर पर अत्यंत नरम किस्म की ऊन होती है। इस प्रकार की ऊन से अत्यंत ऊँचे दामों वाले कपड़े बनाए जाते हैं।

'विकुना' की तरह लामा, गुआना और अल्पा प्रजीति के ऊँटों के कूबड़ नहीं होते। ऊँटों की सभी प्रजातियाँ दक्षिण अमेरिका में पायी जाती हैं। 'इन्का' संस्कृतिवाले जमाने से लेकर ये बिन कूबड़वाले ऊँट मनुष्यों के साथ रहने के आदी हो चुके हैं। पर्वतों पर ये अत्यधिक ऊँचाई पर रहनेवाले 'रेड इंडियन्स' लोगों की आज भी बड़ी सहायता करते हैं। योग्य तरीके से इन्हें निर्देश दिया जाएं तो 100 पौंड तक का वजन आसानी से ढो सकते हैं लामा प्रजाति के ऊँट को अगर कोई तकलीफ पहुँचाता है तब वे उसके मुँह पर निशाना लगाकर थूक भी देते हैं।

3. ऊँटों को कूबड़ क्यों होता है?

ऊँट को 'मरुस्थल का जहाज' कहा जाता है। यह उचित ही लगता है। चूँकि ऊँट की शारीरिक संरचना मरुस्थल में जीने, रहने लायक होती है उस लिहाज से 'कूबड़' सर्वोत्तम होता है, वातावरण के साथ तालमेल बिठाने के लिए उपयुक्त होता है। ऊँट एक ऐसा प्राणी है जो कई सप्ताह या माह भर तक बिना भोजन-पानी के रह सकता है। यह तो सभी को मालूम है परंतु किस तरह जुगाड़ जमाता है यह किसी को पता नहीं? यात्रा आरंभ करने से पहले ऊँट ने जी भरकर खाया है, पानी पिया है या नहीं? मालिक इस बात की पूरी जानकारी ले लेते हैं। इस समय ऊँट का कूबड़ एकदम तना हुआ, कड़ा और सीधा होता है। यात्रा समाप्त होने पर ऊँट का कूबड़ ढीला और फुसफुसा हो जाता है क्योंकि यात्रा शुरू करने के पूर्व ऊँट द्वारा खाया हुआ अन्न चर्बी में रूपांतरित हो जाता है और यह सब कूबड़ में समा जाता है तो पानी ऊँट के पेट में स्थित हिस्से में जमा हो जाता है। यात्रा के समय यही जमा किया हुआ पानी इस्तेमाल किया जाता है। यात्रा समाप्त होने पर फिर से इस शक्ति को जुटाने में काफी दिन लग जाते हैं।

ऊँट का चित्र

4. कौन से कुत्ते भौंकते नहीं?

'डिंगो' प्रजाति के कुत्ते भौंक नहीं पाते किंतु ऐसी प्रजातियाँ नहीं के बराबर होती हैं। अगर वे भौंक नहीं पाते, उस दशा में जोर-जोर से व्याकुल होकर, चीत्कार मचाकर भौंकने की कसर पूरी करते हैं। 'डिंगो' आस्ट्रेलिया के जंगली कुत्तों की प्राचीन प्रजाति है। प्रायः ऐसी प्रजातियों से आधुनिक कुत्तों की वंशावली विकसित हुई होगी। एशिया से पहले-पहले आदिवासी ऑस्ट्रेलिया में बसने आए थे, संभवतः उन्हीं के साथ 'डिंगो' प्रजाति के कुत्ते भी आए होंगे। जल्दी ही वे जंगली बन गए। आज आदिवासी लोग कुत्ते के पिल्ले पालते हैं और उन्हें शिकारी कुत्ते बनाते हैं।

'डिंगो' कुत्ते हर साल भेड़-बकरियों और गायों की बड़ी संख्या में हत्या करते हैं इसीलिए लोग उन्हें उपद्रवी मानते हैं।

5. खरगोश के कान लंबे क्यों होते हैं?

खरगोश डरपोक प्राणी होता है। उसके अनेक शत्रु होते हैं। खतरे का संकेत देने के लिए उसके लंबे कान होते हैं। पुराने शैली के तुरही जैसे लंबे कानों के कारण उसे आवाज के द्वारा खतरे की सूचना तुरंत मिल जाती है। कान बड़े होने के कारण विशाल क्षेत्र की आवाज ग्रहण करते हैं और खरगोश के कान के अंदर के हिस्से को संकेत देते रहते हैं।

जंगली खरगोश दिन का अधिकांश समय जमीन के अंदर बिताते हैं। सुबह और शाम के समय खाने-पीने की सामग्री ढूँढ़ने के लिए जमीन पर आते हैं। वे हमेशा सावधान और चौकस रहते हैं। उनके लंबे कान सूक्ष्म से सूक्ष्म ध्वनि ग्रहण करके शत्रुओं के आने की आहट भाँप लेते हैं। वे किसी भी प्रकार की गंध को जल्दी महसूस करते हैं। उनकी घ्राणेंद्रिय भी प्रभावशाली होती है।

खरगोश के शरीर के पिछले पैर लंबे होने के कारण वे तेजी से भाग सकते हैं। इसके बावजूद वे खुद की रक्षा कर पाने में असमर्थ होते हैं। बहुधा पास आने वाले शत्रुओं के सम्मोहन शक्ति के सामने विवश हो जाते हैं। ऐसी स्थिति में अपने अंग सिमेटकर चुपचाप पड़े रहते हैं, भागने की कोशिश नहीं करते। सियार, जंगली बिल्ली, कुत्ते, आदमी

और बीमारियों के आक्रमण के बाद भी खरगोशों की प्रजाति बड़ी संख्या में बची हुई है।

खरगोश का चित्र

इसका एकमात्र कारण उनकी तेज गतिवाली प्रजननशक्ति होती है। (Hare) 'हेअर' प्रजातियों के खरगोशों के कान और भी लंबे होते हैं। ये खरगोश भी जबरदस्त श्रवणशक्ति और घ्राणेंद्रियों के सहारे ही जीते हैं परंतु उनके पिछले पैर अत्यधिक लंबे होते हैं, इस वजह से प्रति घंटा 40 मील की रफ्तार से दौड़ते हुए शत्रुओं से अपनी रक्षा कर सकते हैं 'ग्रेहाउंड' प्रजाति के कुत्ते आखिरकार अपनी गिरफ्त में ले लेते हैं लेकिन बड़ी लंबी दौड़ और दम लगाने के बाद ही।

6. आस्ट्रेलिया में खरगोशों का उपद्रव आखिर क्यों होता है?

आस्ट्रेलिया में खरगोशों के कारण अफरातफरी मच गई क्योंकि उनके पिल्लों की तादाद तेजी से बढ़ गई थी।

खरगोश शाक-भाजी निगल जाते हैं। अठारहवीं शताब्दी में खरगोशों के मात्र 3 जोड़े लाकर छोड़े गए। बाद में इनकी संख्या इतनी बढ़ गई कि पूरे आस्ट्रेलिया में खरगोश ही खरगोश दिखायी देने लगे जिन्होंने भयंकर नुकसान पहुँचाया।

खरगोश की मादी साल में चार से आठ बच्चे जनमती है। जन्म के समय खरगोश के बच्चे लगभग अंधे और असहाय होते हैं किंतु दो हफ्तों में चलने-फिरने लग जाते हैं। महीने भर में ये बच्चे खुद की देखभाल करने के लायक हो जाते हैं। खरगोश जब छः महीने के हो जाते हैं तब वे बच्चे पैदा कर सकते हैं। अनुकूल परिस्थितियों में, खरगोशों की एक जोड़ी तीन वर्ष में 1,37,18000 बच्चों को जन्म दे सकती है।

खरगोश का चित्र

खरगोशों की तादाद नियंत्रित करने के लिए कितने बड़े-बड़े उपाय किए गए परंतु 1950 के दशक में एक भयंकर विषाणु इस कदर फैला कि तीन वर्षों में 80 प्रतिशत खरगोशों का अंत हो गया लेकिन 1960 से खरगोशों में रोग प्रतिकारक क्षमता बढ़ गई जिससे उन्होंने फिर उत्पात मचाना शुरू कर दिया। आस्ट्रेलिया में खरगोशों की वजह से खेत-खलिहानों का काफी नुकसान हुआ किंतु खरगोशों के चमड़े का निर्यात लाभदायक होता है। बाजार की दृष्टि से खरगोशों की ऊन निर्माण करनेवाला ऑस्ट्रेलिया एकमात्र देश है।

7. शुतुरमुर्ग का घोंसला आखिर कहाँ होता है?

पक्षी अपना घोंसला बनाते हैं। यह तो सभी जानते हैं। कुछ पक्षियों को वृक्ष ही सुविधाजनक लगते हैं, तो कुछ छप्परों का सहारा लेते हैं। कई पक्षी वृक्ष की ढोली में तो कुछ ऊँची 'चिमणी' के धुएँ में घोंसले बना लेते हैं। लेकिन जिन्हें उड़ना और तैरना भी नहीं आता? तो वे क्या करते होंगे? अफ्रीका के पूर्व और दक्षिण भाग के खुले पठारों में रहने वाले शुतुरमुर्ग अपने घोंसले छिपाने के लिए जरा भी तकलीफ नहीं उठाते। जमीन का थोड़ा सा गहरा भाग ढूँढ़कर अपने पैरों से उकेरते हैं, तीन गज का गड्ढा खोदकर, उसमें छः से आठ अंडे डाल देते हैं। प्रत्येक अंडा अलग-अलग मादी का होता है। एक-एक अंडा अढ़ाई पौंड वजन का होता है। एक नर और मादी बारी-बारी से उस गड्ढे यानि घोंसले की सुरक्षा

करते हैं। एक निश्चित समय तक अंड़ों की देखभाल की जाती है। मात्र अंडे सेने के लिए उस पर नहीं बैठते बल्कि अपने पंख फैलाकर उस पर छाया फैलाते हैं ताकि मरुस्थल की भयानक गर्मी से उन पर कोई असन न पड़े। इस बात का खास ध्यान रखा जाता है। एक शुतुरमुर्ग पंख फैलाकर बैठता है तो दूसरा पहरेदारी करता है अर्थात अंडे खानेवाले स्तनधारी प्राणी या पक्षियों को मेजबानी का कोई मौका नहीं मिलता।

8. उल्लुओं को रात में साफ कैसे दिखता है?

रात को आदमी को जितना दिखायी पड़ता है उससे कहीं सौ गुना अधिक उल्लुओं को दिखायी देता है। रात को स्पष्ट दिखायी देने लायक उनके आँखों की बनावट होती है किंतु अधिकांश उल्लू रंगों के अंधे होते हैं, दिखायी पड़नेवाले दृश्य धूसर एवं अस्पष्ट होते हैं चूँकि आंखों में कोण के आकारवाले ग्रहण केंद्रों के बजाय नली के आकार की बनावट होती है।

उल्लू का चित्र

स्वच्छ प्रकाश में कोण के आकारवाले केंद्र सभी दृश्यों को अच्छे तरीके से खींचते हैं तथा रंगों को उचित महत्व भी देते हैं। नली के आकार के ग्रहण केंद्र प्रकाश किरणें एकत्रित करते हैं। मनुष्यों के ऐसे 10 गुना ग्रहण केंद्र उल्लुओं के पास होते हैं। प्रत्येक ग्रहण केंद्र में सूक्ष्म से सूक्ष्म दृश्य भेदने, रूपांतर करने की क्षमता रखनेवाला पदार्थ होता है जिसे अंग्रेजी में 'विजुअल पर्पल' कहते हैं।

उल्लू की आँखें काफी बड़ी-बड़ी होती हैं, आँखों की पुतलियाँ छोटी-बड़ी करके प्रकाश किरणों का नियंत्रण कर सकता है। प्रत्येक आँख की पुतली स्वतंत्र रूप से काम करती है। इसी वजह से अँधेरे और उजाले में पड़ी वस्तुओं को एक ही समय में स्पष्ट रूप से देख सकता है। उल्लू की आँखों का गोलाकार पतली नली जैसी हड्डियों के ढाँचे का आधार होता है। इसी कारण उसकी आँखें स्थिर होती हैं, इन सभी में अच्छा संतुलन बनाए रखने के लिए प्रकृति ने लचीली गर्दन प्रदान की है। 270 अंशों के कोण से सर को घुमाना-फिराना लचीली गर्दन की वजह से संभव होता है।

उल्लू की आँखें सर के सामने होने की वजह से बढ़िया दूरबीन की तरह काम करती हैं। इस प्राकृतिक दूरबीन की सहायता से स्थान की सही दूरी ज्ञात होती है तथा छोटे मोटे शिकार पर निशाना भी लगाया जा सकता है रात के वक्त इस बात का ज्यादा फायदा मिलता है, चूँकि अन्य किसी भी प्राणी की तुलना में उल्लू की सुनने की शक्ति तीव्र होती है।

दिन के प्रकाश में भी उल्लू स्पष्ट देख सकते हैं। उल्लुओं की कुछ प्रजातियाँ यद्यपि रात के समय ज्यादा शिकार करती हैं तो कुछ प्रजातियाँ दिन को, कई प्रजातियाँ तीनों प्रहरों में क्रियाशील रहती हैं।

गहरे अंधकार और एकांत रात्रि में जब उल्लू बोलता है तब अँधेरे में गुँजनेवाली उसकी आवाज से कई लोगों को बड़ी परेशानी होती है तो कुछ लोगों को बिस्तर पर लेटे हुए आवाज सुनना अच्छा लगता है।

9. क्या हाथियों को चूहे से सचमुच डर लगता है?

विशालकाय हाथी पिद्दी से चूहे से डरता है ऐसा कार्टून या फिल्म का ऐसा कोई दृश्य आपने कभी देखा होगा या

हाथी का चित्र

प्रत्यक्ष रूप में हाथी के साथ चूहे का सामना कभी होता होगा? प्रायः हाथी चूहों को पैरों के नीचे कुचल देते हैं। हाथी चूहे से इसीलिए घबराता होगा क्योंकि पिद्दी सा चूहा पता नहीं कब सुर्र करता हुआ सूंड़ में घुस जाए और उसका दम घुटने लगे। क्या ऐसा डर हाथी को लगता होगा? क्या कभी ऐसा संभव हुआ होगा अगर ऐसा हुआ होगा तब हाथी जोर से श्वास लेकर उतनी ताकत लगाकर उसे बाहर फेंक सकता है।

10. हाथी का 'श्मशान'

एशिया और अफ्रीका महाद्वीप में हाथियों के कंकालों के झुंड के झुंड दिखायी पड़ते हैं। ऐसा कभी संयोग से होता होगा। नदी पार करते हुए डूब गए हों या गहरे पानी के क्षेत्र में फँस जाने के कारण हाथी मर गए हों। बरसों बाद यह जगह सूख जाती है और मरे हुए हाथियों के अस्थिपंजर हाथ लग जाते हैं।

कुछ पुराने लोग यह तर्क देते हैं कि अंतकाल समीप आने पर हाथी अपने दंत कथाओं के श्मशान में जाते हैं। हाथी कभी अकेला मरा पाया गया ऐसा कभी सुना नहीं गया जबकि पक्षियों के बारे में यह प्रायः सुना जाता है। अकेले-दुकेले मरे पड़े हाथी के मृतदेह को झाड़ू लगानेवाले (सफाई कर्मचारी) तुरंत उठा ले जाते हैं। ऐसा देखा गया है।

हाथी कभी नहीं भूलता। यह प्राचीन सिद्धांत अनेक

तत्वज्ञों को मान्य है उसकी स्मरण शक्ति जबरदस्त होती है। कोई हाथी अकेला मरने लगता है तब सारी बिरादरी इकट्ठी हो जाती है और उसे जीवित करने की पूरी कोशिशें की जाती हैं। यदि यह आशा भी मिट गई, तब सभी उसके चारों ओर घेरा बनाकर जैसे अंतिम यात्रा की तैयारी में जुट जाते हैं।

11. अफ्रीकी हाथी के कान बड़े क्यों होते हैं?

भारतीय या एशियाई हाथियों की अपेक्षा अफ्रीकी हाथियों के कान बड़े होते हैं क्योंकि वहाँ गर्मी अधिक होती है। अफ्रीका के हाथी ज्यादा सक्रिय और आक्रामक होते हैं। तीन-साढ़े तीन फुट चौड़े कानों की वजह से उन्हें अचूक सुनायी देता है। हाथी जब तेजी से चलकर आता है तब अपने कान खड़े करता है। इस वजह से उसका रूप अधिक हिंसक हो उठता है और शत्रु के मन में भय पैदा होता है।

कानों की वजह से बाहर गर्मी निकालने वाला भाग अधिक विस्तृत बनता है। शरीर की विशालता की वजह से अफ्रीकी हाथियों को गर्मी से अधिक तकलीफ होती है। इसीलिए वे कान हिलाकर गर्मी से मुकाबला करते हैं और मक्खियों को भगाते हैं। अफ्रीकी हाथी धरती का सबसे विशालकाय और उदार अंतःकरणवाला प्राणी है। उसकी ऊँचाई 11 फुट तक और वजन 6 टन तक बढ़ सकता है।

एशियाई हाथी सभी की तुलना में छोटे कद का होता है। भारत, श्रीलंका और बोर्निया या आग्नेय एशियाई जंगलों में निवास करता है। उसे गर्मी पसंद नहीं है इसीलिए जंगलों की घनी छाया में डेरा जमाता है। एशियाई हाथी को स्नान करना अच्छा लगता है। अपनी लचीली सूंड़ से शरीर पर पानी के फव्वारे छोड़ता है। सैकड़ों वर्षों से ये हाथी मनुष्यों के साथ रहने के आदी हो चुके हैं। भारी वजन ढो लेते हैं। इंसानों के साथ इनकी अच्छी मित्रता हो सकती है। हाथियों को श्रेष्ठ स्मरण शक्ति प्रकृति से प्राप्त होती है।

12. पृथ्वी पर सबसे बड़ा स्तनधारी प्राणी–हाथी

अफ्रीका का हाथी पृथ्वी पर सबसे बड़ा स्तनधारी प्राणी है। पूर्ण विकसित हाथी कंधे के पास 11 फुट ऊँचा होता है

हाथी का चित्र

और उसका वजन 6 टन होता है तो 700 पौंड वनस्पति आहार के रूप में खाता है। और 50 गैलन पानी हर रोज पीता है। उसके सूंड़ की क्षमता 1.5 गैलन जितनी होती है। वह प्रति घंटा 4 मील मनुष्य की तरह वेग से चल सकता है परंतु दौड़ने की रफ्तार प्रति घंटा 30 मील होती है, किंतु वह छोटी से छोटी बाधा पार नहीं कर सकता। भारतीय हाथी के कान छोटे होते हैं और उसकी सूंड़ अधिक गोलाकार होती है। सूंड़ पर एक-दो अंगुलियाँ होती हैं। शिखर जैसे मस्तक वाले भारतीय हाथी आकार में छोटे होते हैं।

13. क्या हाथी सूंड़ से पानी पी सकता है?

यह प्रश्न इस तरह का है, क्या आप नाक से पानी पी सकते हैं? इसका उत्तर 'नहीं' होगा। हाथी की सूंड़ यानि उसकी नाक और ऊपर का होंठ, इनकी बढ़ती हुई लंबाई है। वह सूंड़ से पानी नहीं पी सकता। सूंड़ अनेक काम करता है जैसे अन्न एकत्रित करना। यह सबसे महत्व का कार्य है।

सूंड़ के छोर पर लगी हुई संवेदनशील अंगुलियाँ पेड़ों की पत्तियाँ तोड़ सकती हैं, उसे मुँह में भी डाला जा सकता है। सूंड़ का उपयोग नली जैसा होता है। वह अपने शरीर पर पड़ी हुई धूल या पानी को सूंड़ के द्वारा झाड़-पोंछ लेता है। एक बार में वह एक गैलन से ज्यादा पानी पी जाता है। जब वह पानी में तैरने लगता है, तब सूंड़ की सहायता

से साँस ग्रहण करता है। वस्तुएँ उठाने के लिए सूंड़ सुरक्षित साधन सिद्ध होता है उसी प्रकार गंध ग्रहण करने के लिए यह घ्राणेंद्रिय जैसी उपयुक्त लगती है।

14. गिलहरी का खाद्य जीवन

सफेद रंग की गिलहरी की तरह लाल रंगवाली गिलहरी भी पक्षियों के घोंसलों से जबरन कब्जा करके हथियाए गए अंडों से लेकर मूंगफली जैसी विविध खाद्य सामग्री खाती है। पाईन वृक्ष का बीज उसका मुख्य खाद्यान्न होता है। गिलहरी उसका बीज कुतर डालती है और अगले पंजों से खिलवाड़ करके खा जाती है फिर दूसरे बीजों को निकाल बाहर करती है। गिलहरी कितना पाईन खा जाती है यह बताना मुश्किल है। एक साल में वह 40,000 पाईन खा जाती है। ऐसा विशेषज्ञों का अनुमान है।

15. शेरों का घर (निवास स्थान)

शेर जंगलों में रहते हैं यह तो प्रायः सभी को मालूम है। भारत में भी शेर दिखायी पड़ते हैं। एशिया में शेरों की विविध 8 प्रकार की नस्लें पायी जाती हैं। ईरान, तुर्किस्तान, मंगोलिया, साइबेरिया और कोरिया इन देशों में भी शेर मिलते हैं। इसके अलावा तिब्बत, चीन, थाईलैंड, इंडोनेशिया, मलाया, द्विपकल्प, सुमात्रा और जावा नामक द्वीप तक शेर दिखायी पड़ जाते हैं। फिर भी इन विशाल भौगोलिक

प्रदेशों में कभी कभार शेर दिखायी देते हैं। शिकार, किसानों द्वारा पीछा करने, जंगलों के नष्ट होने के कारण शेरों की संख्या में कमी हो गई है। वन्य प्राणियों में शेर की नस्ल अब खतरे में पड़ गई है। अब जीवित शेरों और उनकी बस्तियों को सुरक्षित रखने की दृष्टि से सख्त नियम बनाए गए हैं। केवल मनोरंजन के नाम पर किए जानेवाले शिकार पर प्रतिबंध लगा दिया गया है।

16. प्राणी-जगत का सबसे ज्यादा खानेवाला प्राणी कौन है?

नीली देव मछली जब खाने लगती है तो 2.5 टन पदार्थ खा जाती है।

विश्व का सबसे छोटा स्तनधारी प्राणी हर रोज अपने शरीर के वजन के बराबर का पदार्थ खा जाता है। उसका नाम 'पिग्मी इरू' है। वह सतत क्रियाशील रहती है। उसे जीने (और पेट की भूख शांत करने) के लिए प्रति दो घंटे में कुछ न कुछ खाना पड़ता है।

17. प्राणियों के गले में बाँधी जानेवाली घंटी

पर्वत, घाटी, घने वन-प्रदेशों में जानवर रास्ता भूलकर कहीं खो न जाए इसी सावधानी के लिए उनके गले में घंटी बाँधी जाती है।

स्विटजरलैण्ड में गाय चराने के लिए भेजते समय उनके

गले में सुंदर नक्काशी कला युक्त घंटी बाँधी जाती है। कुछ चरवाहों के मतानुसार घंटी के मंद-मंद स्वरलहरियों से गायें संतुष्ट एवं प्रसन्न रहती हैं।

शिकार के लिए जानेवाले गिद्ध अगर लौटकर नहीं आते हैं, इसकी सूचना प्राप्त करने के लिए उनके पैरों में दो छोटी-छोटी घंटियाँ बाँध दी जाती है।

मरुस्थल में रेत के टीले और गड्ढे बारंबार अपना आकार-प्रकार बदलते हैं। परंतु ऊँट के गले में बँधी हुई घंटी से ऊँट मालिक को इस बात की सूचना मिल जाती है। ऊँट किस दिशा में भटक गया है।

भारतीय जंगलों के हाथी दिन भर लकड़ियों के गट्ठर लट्ठे ढोने के बाद जब अपने-अपने झुंड में लौट जाते हैं तब उनके गले में बँधी हुई लकड़ी की घंटी से मालिक को यह पता चल जाता है कि उसका हाथी अपने खेमे में लौट चुका है।

18. बिल्ली कब गाभिन रहती है?

बिल्ली साल में 5 बार गाभिन रहती है। गाभिन रहने की अवधि सिर्फ पाँच दिन की होती है।

आमतौर पर घरों में पाली जाने वाली बिल्ली सात से लेकर बारह माह की अवस्था में गाभिन हो सकती है। यह अवधि दो माह तक की होती है। बच्चों को जन्म देने के कुछ घंटे पहले खाना-पीना छोड़ देती है। आमतौर पर वह

चार बच्चों को जन्म देती है।

19. बिना पूँछ की बिल्ली

इंग्लैंड, आयरलैंड, वेल्स और स्काटलैण्ड से समान दूरी पर स्थित 'आइल ऑफ मैन' नामक द्वीप पर बिना पूँछ की 'मैंक्स' नस्ल की बिल्लियाँ दिखायी पड़ती हैं। यह द्वीप लगभग 30 मील लंबा और 20 मील चौड़ा है। इस द्वीप के हर घर में बिना पूँछ की बिल्ली पाली जाती है। इस अनोखी बिल्ली के पूँछ के स्थान पर पीठ के पीछे काफी बड़ा गड्ढ़ा सा दिखायी पड़ता है। इसी तरह बिल्ली की रीढ़ की हड्डी आकार में सामान्य रूप से बड़ी होती है या उसकी परत दोहरी मोटी होती है। इस बिना पूँछ वाली बिल्ली के पिछले हिस्से के पैर, अगले पैरों की तुलना में ज्यादा लंबे होते हैं। इस वजह से बिल्ली कूदते हुए चलती है।

20. जंगली कुत्तों में से सबसे बड़ा प्राणी?

जंगली कुत्तों में से सबसे बड़ा प्राणी अर्थात टिंबर, वूल्फ, जिसकी लंबाई 4 फुट और कुल वजन 8 कि.ग्रा. होता है। यह जमात कभी तो बड़े झुंड में या फिर छोटा दल बनाकर रहते हैं। कुछेक खास स्थानों में पहरा देते हैं। इन झुंड या दल की सामाजिक बनावट इस प्रकार की होती है। कुछ कुत्ते अपना हुक्म चलाते हैं, कुछ हुक्म का पालन करते हैं। ये जंगली कुत्ते चेहरे के हावभाव या शरीर के विशेष अंग-संचालन द्वारा एक-दूसरे से संवाद स्थापित करते हैं।

कभी-कभी ये खूब शोर मचाते हैं, चिल्लाते हैं। दूर तक इनके चीखने-चिल्लाने का स्वर सुनाई देता है।

ये कुत्ते, हिरण और घोड़े का मांस खाते हैं तो कभी बेरी के फल भी खाते हैं।

21. अमरीकी भैंसों की नस्ल खत्म होने के कगार पर

सन् 1990 के आसपास अमरीकी भैंसों की नस्ल खत्म होने के कगार पर थी। इन्हें 'बिसान' कहा जाता है। पहले इनकी संख्या 6 करोड़ थी। पठार पर बसे 'रेड इंडियन' लोगों के जीवन का अविभाज्य अंग ये भैंसें ही थीं। इन भारी- भरकम भैंसों के कारण मांस, हड्डी, चमड़ा आसानी से मिल जाता था। इन्हीं की वजह से अन्न, औषधि, कपड़ा और आसरा भी मिलता था।

आरंभ में गोरे लोग मांस और चमड़ा प्राप्त करने के लिए भैंसों की हत्या किया करते थे, किंतु 1850 के बाद अमेरिकन और रेड इंडियन का युद्ध चल रहा था, तब अमेरिकन सैनिक भैंसों का कत्ल करने लगे, इसका उद्देश्य यही था कि रेड इंडियन अपनी बस्ती छोड़कर भाग जाएँ।

रेलवे के आविष्कार के बाद भैंसों की हत्या करना खेल का हिस्सा बन गया। यात्री लोग चलती गाड़ी से भैंसों पर गोलियाँ चलाते रहते। भैंसों के मृत शरीर पटरियों के किनारे पड़े-पड़े सड़ जाया करते। इस तरह 50 साल से कम की अवधि में 5 करोड़ से ज्यादा की संख्या में भैंसें खत्म हो गईं।

इसी दरमियान भैंसें बचाओ अभियान चल पड़ा इस कारण उनकी पूरी नस्ल खत्म होते-होते बच गई। जो भैंसें बची रह गईं, उनसे नया वंश चल पड़ा। अतः धीरे-धीरे भैंसों की संख्या बढ़ने लगी। अब कई हजार भैंसें जिंदा है।

22. गाय दूध देने की शुरुआत कब करती है?

गाय दो से ढाई वर्ष की कालावधि में बछड़े/बछिया को जन्म देने के बाद दूध देना शुरू करती है। कुछ दिन तक वह दूध मनुष्यों के इस्तेमाल करने लायक नहीं होता परंतु बछड़े को वह दूध पिलाया जाता है। इसके बाद गाय द्वारा दूध देने की अवधि चार से छह सप्ताह तक होती है। नौ से दस महीने तक दूध की मात्रा कम होती जाती है।

दूध की प्राप्ति नियमित करने के लिए किसान यह कोशिश करता है, हर 12 महीने में गाय ब्याही जाएँ अच्छी गाय दुधारू अवस्था में 2000 गैलन तक दूध देती है।

सामान्यतः गाय का दूध दिन में दो बार दुहा जाता है। उन्नतिशील देशों में मशीनों के द्वारा गाय का दूध निकाला जाता है। दूध निकालने के बाद बंद ढक्कन वाली बरनियों में जमा किया जाता हैं। अनेक देशों में इस समय भी परंपरागत तरीके से दूध निकाला जाता है।

23. चश्मा लगानेवाले भालू

दक्षिण अमरीका के उष्ण कटिबंध में रहनेवाले छोटे

भालुओं के चेहरे पर विचित्र से निशान होते हैं। उसके शरीर पर पीले-पीले से सफेद रोएँ होते हैं, जो नाक से लेकर पूरे शरीर पर विविध आकृतियों में फैले होते हैं। कभी-कभी फीके रंगों की रेखाएँ आँखों के चारों ओर नाक पर होते हुए दूसरी ओर चली जाती हैं। इसीलिए सभी को यही मनोरंजक एहसास होता है कि भालुओं ने चश्मा पहना हुआ है। इसीलिए उनका नाम चश्मा पहननेवाले भालू पड़ गया है। ये विचित्र निशान दो भालुओं में एक से नहीं होते हैं। कुछ भालुओं की आँखों के नीचे अर्धगोलाकार तो कुछ भालुओं की आँखों के चारों ओर मोटी रेखाओं वाले गोलाकार चिह्न पूरे चेहरे पर फैले होते हैं।

24. सेले मैन्डर कैसा होता है?

सेले मैन्डर एक ऐसा प्राणी है, जो पानी और जमीन पर ही जीवित रह सकता है। वह बड़ी छिपकली की तरह दिखायी पड़ता है। मछली और रेंगकर चलनेवाले प्राणियों के बीच का अंतर इससे स्पष्ट होता है। उन्हें (कशेरुक) रीढ़ की हड्डी होती है, मेढक जैसे प्राणी इसी श्रेणी मे आते हैं।

दुनिया में पहला-पहला सेले मैन्डर अग्नि की ज्वालाओं से बना है, उन पर गर्मी का कोई असर नहीं होता। साधारणतः रात के ठंडे माहौल में कीड़े-मकोड़ों का शिकार करता है।

सेले मैन्डर 11 इंच तक शरीर के आकार को बढ़ा

लेता है। उसकी त्वचा जहरीली होने के कारण बहुत कम शत्रु प्राणी उस पर आक्रमण कर पाते हैं। यूरोप के जल सर्पों पर सेले मैन्डर के विष का कोई असर नहीं होता है, इसीलिए वे इसे मारकर खा जाते हैं।

25. साँप केंचुली कब छोड़ता है?

जब साँप अपनी चमड़ी से शरीर का आकार बढ़ाता है, तब वह केंचुली बदलता है, इसी आधार पर साँप की आयु बढ़ती रहती है। उम्र बढ़ने के साथ-साथ शरीर का आकार धीरे-धीरे कम होता जाता है।

साँप की नस्ल के अनुसार वह एक से तीन महीने की निर्धारित अवधि में एक बार केंचुली बदलता है। चमड़ी बदलने की प्रक्रिया होठों से आरंभ होती है, शरीर के अंदर नई चमड़ी दिखायी देने लगती है। यह प्रक्रिया पूरी होने पर पूरी त्वचा उलटे थैले की तरह बाहर निकलने लगती है।

26. कौन से साँप समुद्र में रहते हैं?

लगभग 50 विभिन्न प्रकार के साँप समुद्र में पाए जाते हैं। पीले पेटवाले साँप अफ्रीका और मैक्सिको में दिखायी पड़ जाते हैं।

नीले शरीर पर काली पट्टियों और रेखाओं वाले समुद्री सर्प को 'हाइड्रोफिड' कहते हैं। इनकी पूँछ लंबी होती है। इसका उपयोग तैरने के काम के लिए किया जाता है। साँस

लेने, छोड़ने के लिए वे समुद्र के बाहर आ जाते हैं। फिर भी वे अपना भोजन, मछली ढूँढ़ने के लिए समुद्र के अंदर काफी गहराई तक जा सकते हैं।

साँप मादाएँ समुद्र के किनारे अपने अंडे सेती हैं। जमीन के साँपों की अपेक्षा समुद्र में निवास करने वाले साँप अधिक विषवाले होते हैं। इसीलिए उनसे बचना चाहिए।

27. साँप अपने से बड़े आकार की वस्तु कैसे निगलते हैं?

कई बार साँप अपने से बड़े आकार की वस्तु निगलते हुए दिखायी पड़ते हैं। साँप का सर कम चौड़ा होता है बदन इकहरा और अधिक लंबा होता है, इसके बावजूद वह अपने शरीर की तुलना में ज़्यादा चौड़े पक्षियों के अंडे, प्राणियों के बच्चे खा जाता है। उसका जबड़ा लचीला होता है, इसी वजह से वे बड़े आकार की वस्तुओं पर अपने जबड़े की पकड़ जमा लेते हैं, जबड़े की तरह साँप का पेट भी लचीला होता है, वह अपनी आवश्यकतानुसार फुला सकता है। खाद्य सामग्री को पूरी तरह से निगल सकता है। भरपेट खाया हुआ साँप अजीब सा दिखायी देता है। उसका सर और गर्दन हमेशा एक जैसी दिखायी पड़ती है। जहाँ पर निगली हुई खाद्य-सामग्री रखता है, वह भाग फूला-फूला सा दिखायी पड़ता है। पूँछ के बगल का भाग हमेशा एक सरीखा दिखायी पड़ता है।

साँप की एक विशेषता होती है वह पूरा का पूरा अंडा निगल लेता है, अंडा शरीर में प्रविष्ट हो जाने के बाद उसे फोड़ने का तरीका बड़ा लाजवाब होता है, उसके गले में विशेष किस्म की हड्डियों का चिमटा बना होता है, जिसके दबाने पर अंडे फूट जाते हैं।

28. साँपों से भय

प्रायः लोग साँपों से भय खाते हैं, घृणा करते हैं। यह स्वाभाविक होता है या किसी के कहने-सुनने पर ऐसा होता है। लगता है, यह बात जबरन दिमाग में घुसा दी जाती है वर्ना छोटे बच्चे साँप से बिलकुल नहीं डरते। चिंपाजी बंदर के बच्चे को जन्म से पिंजरे में रख कर उसका पालन-पोषण किया जाता है इसके बावजूद साँप के पास रखने पर वह घबरा जाता है, उसे जन्म से ही साँपों से डर लगता है। जंगल में साँप के दिखते ही खतरा महसूस होता है, इसीलिए स्वभाव, गुण-धर्म के अनुसार बचपन से ही साँपों से डरने लगते हैं।

29. मगरमच्छ और कछुआ

मगरमच्छ और कछुआ जैसे रेंगनेवाले प्राणियों को प्रकृति ने ऐसी मजबूत खाल कवच के रूप में दी है जिसकी वजह से वे हर खतरे से अपना बचाव कर लेते हैं। यह सुरक्षा कवच किस तरह बनाया गया है, इसके बारे में आज

तक किसी को पता नहीं चला है। शरीर पर इतनी मजबूत खाल होने के बाद भी ये प्राणी जमीन पर, अत्यंत धीमी गति से चलते हैं। इस प्रजाति के अधिकांश प्राणी पानी में निवास करते हैं। वे समान गति से मीठे और समुद्र के जल में खूब तैरते हैं।

अमेरिका में इस प्रजाति के सभी प्राणियों को मगरमच्छ कहा जाता है, किंतु ब्रिटेन में सिर्फ समुद्र में पाए जानेवालों को 'मगरमच्छ' तथा मीठे पानी में रहनेवालों को 'टेरोपिन' कहते हैं। जमीन पर इस नस्ल के जीवों को 'कछुआ' कहा जाता है।

30. गिरगिट कब रंग बदलता है?

गिरगिट एक ऐसा प्राणी है जरा सा खतरा दिखायी दिया कि फौरन अपना रंग बदल लेता है। पाली नस्ल का यह प्राणी जैसी जगह पर खड़ा रहता है, ठीक उसी के मुताबिक रंग धारण कर लेता है। ऐसी कोशिश करता है कि कोई उसे पहचान न पाए। रंग कई तरह के होते हैं फिर भी अधिकांश गिरगिट पीले, पीलापन लिये हुए सफेद, हरे तथा गहरे कत्थई रंग तत्काल धारण कर सकते हैं। जिस स्थान (ज़मीन) पर वे खड़े रहते हैं उसी के मुताबिक गहरे एवं फीके टीके के आकार का रंग भी धारण कर सकते हैं। खतरे के अलावा प्रकाश और तापमान के अनुसार अपना रंग बदल लेते हैं। मज्जा प्रणाली के द्वारा रंग बदलने

की प्रक्रिया का नियंत्रण किया जाता है इसी नियंत्रण के अनुसार गिरगिट की त्वचा में समाए हुए रंग गाढ़े और फीके बन जाते हैं।

31. दुनिया का सबसे लंबा साँप कहाँ पाया जाता है?

दुनिया का सबसे लंबा साँप अजगर उष्ण कटिबंध मलय प्रदेश तथा उसके आसपास के भागों में पाया जाता है। ऐसे अजगरों की लंबाई कभी-कभी 30 फुट होती है। अपने शिकार लक्ष्य को कुंडली जमाकर घेर लेता है फिर गलबहियाँ से कसकर साँस लेना मुश्किल कर देता है फिर उसे पूरा का पूरा निगल जाता है।

किसी बैल को समूचा निगल लेने की सामर्थ्य अजगर में होती है परंतु वह छोटे से छोटे प्राणी को ज्यादा पसंद करता है। शिकार निगलने के तुरंत बाद अगर अजगर के अंगों से छेड़छाड़ की जाए तब निगले हुए प्राणी को (उलटी की तरह) बाहर निकाल देता है। मनुष्य पर कभी-कभार ही आक्रमण करता है। अजगर विषैला नहीं होता।

प्रायः अजगर वृक्षों पर डेरा डाले रहते हैं, परंतु उन्हें ठंड़े पानी में पड़ा रहना अच्छा लगता है। अजगर के अंडे अन्य प्राणियों की तरह लंबे और गोल होते हैं। सिर्फ ऊपर से चमड़े का आवरण लगा होता है। अजगर की मादी एक ही बार में 100 से ज्यादा अंडे देती है। उनके चारों ओर कुंडली जमाकर देखभाल और बचाव करती है।

ब्राजील, पेरू और गियाना की दलदल और नदियों में पाए जानेवाले 'अनाकोंडा' नस्ल के साँप सबसे लंबे होते हैं। ये अजगर से भी बड़े होते हैं।

32. साँप अपने शिकार को कैसे मटकाता है?

साँप अपने शिकार, जीवित प्राणियों को किस तरह मटकाता है। अपने सर के आकार से कई गुना बड़े प्राणियों को निगल लेता है चूंकि उसके जबड़े की हड्डियाँ ढीली होती हैं इसी वजह से अपना मुँह जितना चाहे बड़े आकार में खोल सकता है। फिर पीछे की ओर मुड़े हुए, दाँतों से शिकार मजबूती से पकड़ लेता है। मुँह के अंदर जमी हुई लार से शिकार को निगलने में सहायता मिलती है।

33. क्या मेढक उड़ सकते हैं?

मलय प्रदेश के अंतर्गत मेढकों की खास प्रकार की प्रजाति है। 'वृक्ष मेढक' ये छोटे-मोटे कीड़े, चींटियों के पीछे लंबी छलांग लगाकर थोड़ा-बहुत उड़ भी लेते हैं। वॉलेस के वृक्ष मेढकों के जालीदार पैर, विशेष लंबी अँगुलियाँ, एड़ियाँ होती है। मेढक जब कभी लंबी छलाँग लगाने की तैयारी करता है, तब अंगुलियाँ और एड़ियाँ दूर तक खिंच जाती है तब उसकी कूदने की क्षमता भी बढ़ जाती है। तब वह उड़ने लगता है यह कहना ठीक नहीं लगता। हमेशा कूदते हुए जो कीड़े-मकोड़े पकड़ में नहीं आते किंतु झपट्टा मारने के तरीके से सहजता से हाथ में लग जाते हैं।

34. 'टेडी बियर' नाम कैसे पड़ा?

अमेरिका के प्रेसिडेण्ट 'टेडी' रूजवेल्ट शिकार के शौकीन थे, तब से भालुओं का 'टेडी बियर' नाम पड़ा। एक बार माँ से बिछुड़ा हुआ भालू का बच्चा उन्हें दिखायी पड़ गया। प्रेसिडेण्ट साहब ने उसे बड़ी ममता से गोद में उठा लिया। उनकी दयालुता के बारे में पत्रकारों को पता चला। इस घटना के बाद टेडी रूजवेल्ट एक विवाह समारोह में शामिल हुए। किसी ने उन्हें भालू का खिलौना उपहार में दिया। उन्हें बहुत खुशी हुई। किसी ने सुझाया कि इसे 'टेडी बियर' नाम देना चाहिए। बच्चों के खिलौने बनाने वाली कंपनियों ने उसे दुनिया भर में 'टेडी बियर' के नाम से प्रसिद्ध कर दिया।

टेडी बियर का चित्र

35. ऑस्ट्रेलियन 'टेडी बियर'

बचपन में लगभग सभी बच्चों का 'टेडी बियर' से परिचय हो जाता है। जिस प्राणी के आधार पर जो खिलौना

तैयार किया जाता है वह मूल रूप में भालू नहीं होता यह सभी को ज्ञात होता है, जरूरी नहीं? कोआला प्रजाति के भालुओं को ऑस्ट्रेलियन टेडी बियर कहा जाता है।

लगभग पाँच करोड़ वर्ष पहले ऑस्ट्रेलिया अन्य महाद्वीपों से अलग पड़ गया उस जमाने में स्तनधारी प्राणियों की उत्पत्ति हुई। 'मार्सुपिअल्स' प्रजाति के जीव किसी भी प्रकार की वनस्पति तापमान के साथ अपना तालमेल बिठा लेते हैं। वे किसी के साथ शत्रुता नहीं करते। इस समय सिवाय ऑस्ट्रेलिया के किसी भी महाद्वीप में 'मार्सुपिअल्स' दिखायी नहीं पड़ते। दो विभिन्न महाद्वीपों में एक जैसी विशेषता रखनेवाले प्राणी दिखायी पड़ते हैं, उन्हें समांतर अथवा 'अलग उत्क्रांत' प्राणी कहाँ जाता है।

36. टिड्डियों का उत्पात कैसे शुरू होता है?

अफ्रीका मे। तीन प्रकार के टिड्डी दल हरी-भरी वनस्पति पर धावा बोलते हैं। इन्हीं में से 'मरुस्थलीय टिड्डियाँ' एक नस्ल की होती हैं। ये टिड्डियाँ घास में रहती हैं। धीरे-धीरे बड़े प्रदेश में रहनेवाली टिड्डियाँ तापमान की वजह से एकत्रित होती हैं। उन्हें यह तापमान, खाने की सामग्री और प्रजनन की दृष्टि से अनुकूल लगता है। बिल्कुल थोड़े समय में टिड्डियाँ कई गुना अंडे देती हैं, उनके बच्चे झुंड बनाते हैं फिर किसी स्थान पर धावा बोलते हैं। उनका रंग भी बदलता है। आसपास उपलब्ध हरी-भरी वनस्पति नष्ट करके अन्य जगह पर उत्पात मचाते हैं।

टिड्डी दल अपने निशाने पर आनेवाली सभी सामग्री को तबाह कर डालते हैं। पाँच लाख टिड्डियाँ ढाई सौ आदमियों के एक वक्त का भोजन नष्ट कर देती हैं। संपूर्ण टिड्डियों की कुल संख्या की तुलना में पाँच लाख तो कुछ भी नहीं है।

37. जिराफ की लंबी जीभ का कार्य

18 फुट का जिराफ स्तनधारी प्राणियों में सबसे ऊँचा कहलाता है। उसके पैर और गर्दन लंबी तो होती है, जीभ भी लंबी होती है। दूर तक के पत्ते तोड़ने के लिए जिराफ जब अपनी जीभ फैलाता है तब वह 17 इंच लंबी हो जाती है।

जिराफ का चित्र

दक्षिण अफ्रीका का जिराफ वनस्पति खाकर जीता है। वृक्ष की ऊँचाई पर लगे पत्ते तोड़ने के लिए गर्दन उपयुक्त साबित होती है परंतु पानी पीने के लिए बिल्कुल काम की नहीं है। जमीन के पानी को पीने के लिए अगले दोनों पाँव मोड़कर, घुटनों के समेत झुकाकर पानी पीना पड़ता है।

38. जेबरा के शरीर पर सफेद पट्टियाँ क्यों होती है?

जेबरा के बारे में यह प्रश्न हमेशा पूछा जाता है, दुर्भाग्य से इसका उत्तर किसी को पता नहीं है? प्राणी-संग्रहालय में जेबरों के सफेद पट्टे सबकी नजरों को भा जाते हैं। अच्छी लंबाई-चौड़ाई वाले पट्टे के कारण इन प्राणियों के आकार का वर्गीकरण करने में सुविधा होती है। सरसरी तौर पर देखा जाए तो सभी जेबरा एक सरीखे दिखते हैं किंतु शरीर पर आच्छादित पट्टे की चौड़ाई, शैली देखकर वैज्ञानिक उनके बीच का अंतर बना सकते हैं। घनी घासवाले पठारों पर जब ये पट्टे दूर से दिखायी देते हैं, तब सिंह, शेरों को यह प्राणी पहचान में नहीं आता? यही पट्टे शत्रुओं से बचाव का साधन बन जाते हैं। कई जेबरा झाड़-झुरमुट में चरते रहते हैं, दूर से पट्टे का गुच्छा दिखायी पड़ता है। अकेले जेबरा को झुंड से निकालकर मारा नहीं जा सकता है इस तरह यह पट्टे ही उनका बचाव करते हैं। दो जेबरों के पट्टे असमान होते हैं, अफ्रीकन लोग इन्हें सफेद पट्टेवाले काले जानवर मानते हैं, तो हम इन्हें काले पट्टेवाले सफेद प्राणी समझते हैं।

39. शेर कितना खाते हैं?

शेर की भूख वास्तव में बड़ी प्रबल होती है, पूर्ण विकसित शेर खुद के शरीर के 1/5 हिस्से के वजन का मांस एक बार में खा सकता है। 76 किग्रा. वजन वाले आदमी को इस हिसाब से 15 किलो मांस एक बैठक में खाना पड़ेगा?

40. क्या गोरिल्ला बंदर नरभक्षक होते हैं?

वैज्ञानिकों पर गोरिल्ला बंदर आक्रमण करके उन्हें मार कर खा जाते हैं। यह निर्विवाद रूप से कपोलकल्पित कथाएँ हैं चूंकि गोरिल्ला बंदर शाकाहारी होते हैं, उनकी कद-काठी, भारी होने के बावजूद, कंद-मूल, पत्तियाँ खाते हैं, उसके डरावने दाँत सिर्फ डराने के काम में आते हैं। आपस के झगड़े मिटाने के लिए भी इनका उपयोग होता है। कुल मिलाकर गोरिल्ला बंदरों की प्रजाति शर्मीले स्वभाव और छिप छिप रहनेवाली होती है। जो मनुष्य उन तक पहुँच सके हैं, उन्हें भी गोरिल्लाओं की विशेषताओं का पता चला है।

41. हिरण या काले मृग कब लड़ते हैं?

युरोप के हिरण शरद अथवा शीत ऋतु में हिरणी को पाने के लिए आपस में लड़ते हैं। हिरण और काले मृग बहुत पत्नियों वाले होते हैं और 'जनाना' साथ लेकर चलते हैं।

हिरण का चित्र

दूसरे दल की हिरणी को अपने जनानखाने में लाने के लिए परस्पर द्वंद्वयुद्ध करते हैं, वैसे तो हिरण अकेले-अकेले ही घूमते फिरते हैं। जब प्रजनन काल समीप आता है उनमें लड़ने की उमंग पैदा होती है। कभी-कभी आपस में लड़ते-लड़ते दोनों के सींग एक-दूसरे में फँस जाते हैं कि उसे निकालते-निकालते योद्धाओं की मौत हो जाती है।

42. उड़ता हुआ सियार

उड़ता हुआ सियार यानि एक प्रकार का चमगादड़ होता है। उसका सर कुछ-कुछ सियार जैसा दिखायी पड़ता है इसीलिए यह नाम पड़ गया। अधिकांश चमगादड़ एकदम

सियार का चित्र

छोटे चूहे जैसे लगते है परंतु उड़ता हुआ सियार छोटे से कुत्ते के आकार जैसा लगता है। लगभग छः फुट की ऊँचाई तक उड़ सकता है उसकी आदतें अन्य चमगादड़ों जैसी ही होती हैं। उसे फल बहुत अच्छे लगते है इसीलिए फलों के बगीचे में उपद्रव करता है।

मलेशिया, भारत और एशिया के अन्य भागों में 'उड़ते हुए सियार' प्रचुर मात्रा में दिखायी पड़ते हैं। हिंद महासागार और पैसिफिक महासागर के द्वीपों में इनकी बस्तियाँ पायी जाती हैं। अपना रास्ता ढूँढ़ने के लिए ध्वनि के बजाय प्रकाश का सहारा लेते हैं।

43. बिल्लियाँ क्यों फिस फिस करती हैं?

सभी को यही लगता है। संतुष्टि प्रसन्नता व्यक्त करने

के लिए बिल्लियाँ 'फिस फिस' करती हैं। यह उनकी सही आवाज नहीं होती? क्योंकि 'फिस फिस' की ध्वनि गले से निकली आवाज की तुलना में कम शक्ति की होती है। बिल्लियाँ अपने पिल्लों को पास बुलाने के लिए 'फिस फिस' करती हैं जन्मतः पिल्लों को न तो दिखायी सुनायी देता है, न किसी प्रकार की गंध महसूस कर पाते हैं। परंतु माँ की 'फिस फिस' की ध्वनि लहर तरंगों से वे उसके समीप पहुँच जाते हैं। पिल्ले जब दूध पीने लगते हैं तब वह 'फिस फिस' करना बंद कर देती है अर्थात बिल्ली का 'फिस फिस' करना पारिवारिक आत्मीयता का सूचक होता है। घनिष्ठता अस्तित्व बोध कराते हुए बच्चों को प्यार-प्यार में काट देती है।

44. बिल्ली कितनी देर की नींद लेती है?

मनुष्य चौबीस घंटे में से आठ घंटे नींद में बिताते हैं, जबकि बिल्लियां इससे भी ज्यादा समय की नींद लेती हैं। वह चौबीस में से सोलह घंटे नींद में खर्च करती है अर्थात पूरे जीवन का सिर्फ एक तिहाई हिस्सा जागती है।

45. किस प्रकार की बिल्लियाँ दल बनाकर रहती हैं?

सिर्फ एक ही प्रकार की बिल्लियाँ व्यवस्थित रीति से दल बनाकर रहती हैं। वह नस्ल यानि सिंह परिवार की, सिंह भी माजिर वंश का जीव होता है। इस दल में एकाध ही

सिंह पाया जाता है, बाकी सिंहनी एवं उनके बच्चे होते हैं।

शिकार पर जाते समय सिंह और उनकी बिरादरी साथ-साथ नजर आती है। हिरण और जेबरा जैसे प्राणियों को अपने दल की तरफ खींचकर ले आने में सहायता करती हैं। कमजोर तथा अकेले प्राणी को देखकर वे आक्रमण करते हैं। सिंह के अलावा सिंहनी भी शिकार कार्य में सहयोग देती है। अपने दल के अन्य कामों में हिस्सा बँटाती है। सिंह का शिकार जब कभी पकड़ में आता है। बिरादरी का पूरा झुंड में मेजबानी में जुट जाता है। सिंह एक बार में 30 किलो से भी ज्यादा मांस खा जाता है।

अपने शावकों को जन्म देने के लिए सिंहनी अपने झुंड से दूर चली जाती है। शुरुआती दौर में शावकों के शरीर पर चितकबरे निशान के कोट होते हैं। जिससे वे छिप-छिपकर रह सकते हैं। सिंहनी और उसके शावक जब अपने झुंड में फिर से शामिल होते हैं तब आधे से भी ज्यादा पिल्ले, भूख-बीमारी या बड़े वन्य पशुओं द्वारा मार दिए जाते हैं। इन शावकों को बड़े होकर शिकार करने लायक बनने में कम से कम 18 महीने लग जाते हैं।

46. कौन सी बिल्ली अपने नाखून अंदर की ओर खींच नहीं सकती?

आपके ड्राइंग रूम की मखमली कालीन पर आराम से पसरी हुई बिल्ली के नाखून कभी अंदर खींचे जाते हैं

तो कभी बाहर निकाले जाते हैं। इस बात का बारीकी से निरीक्षण किया जाए, तब पता चलता है। नींद पूरी हो जाने पर बिल्ली जब अपना आलस्य दूर करती है नाखून अंदर की ओर समेटने तथा बाहर निकालने की क्रिया चलती है। नाखून अंदर की ओर खींचने की क्षमता दुश्मन से मुकाबला करने, शिकार को मारने के काम में आती है जबकि चीता मार्जार वंश का होकर भी अपने नाखून अंदर की ओर खींच नहीं सकता। वेग से शिकार पकड़ने के लिए जमीन को मजबूती से पकड़ने के लिए वह इन नाखूनों का उपयोग करता है।

47. ठंड से बचाव के लिए

कड़ी ठंड से बचाव के लिए कई प्राणी एक स्थान से दूसरे स्थान की ओर जाते हैं। कुछ प्राणी जमीन पर तो कुछ वृक्ष की ढोली में आश्रय लेकर, गाढ़ी निद्रा लेते हैं। लुक-छिपकर बैठने वाले प्राणियों में मेढक, छिपकली, चमगादड़, घोंघा, गिलहरी और कछुआ वगैरह प्राणी आते हैं। छिपकर बैठी हुई स्थिति में ये जानवर मुर्दे जैसे पड़े रहते हैं। इनकी श्वसन क्रिया लगभग बंद सी लगती है। हृदय गति भी मंद-मंद गति से संचालित होती है। ऐसे प्राणियों के पैर, पूँछ एकदम ठंडी होती है परंतु हृदय का खून बहुत गरम होता है। गुदा के अंदर संचित किए गए, मीठेपन की मात्रा तथा ग्रीष्मकाल में बचायी गई चरबी के

भंडार पर यह प्राणी जीते हैं।

तेज ठंड न पड़ने की दशा में इन प्राणियों की दुर्दशा हो जाती है, इस दरमियान जरा सी उष्णता महसूस करने पर वे जाग जाते हैं। बाहर निकलने के लिए ताकत खर्च करते हैं, परंतु वे हमेशा की तरह भोजन नहीं कर पाते, इस वजह से ठंड के अंत में दुर्बल हो जाते हैं।

जिन प्राणियों को ढोली, खोह नहीं मिल पाती वे आश्रय ढूँढ़ने के लिए दरारें, बड़े छिद्र या बिल की तलाश करते हैं। कई सालों तक इन्हीं स्थानों पर टिके रहते हैं। शीतकाल में जिस तरह ये प्राणी सहारा पाकर छिप जाते हैं उसी तरह उष्ण कटिबंध प्रदेश के प्राणी कड़ी गर्मी से बचने के लिए जमीन पर आकर सोते हैं।

48. हमारी अपेक्षा कुत्तों को अधिक तीव्रता से गंध क्यों महसूस होती है?

कुत्तों को हमारी अपेक्षा जल्दी गंध महसूस होती है, उनकी शारीरिक बनावट गंध लेने के लिए उपयुक्त होती है। कुत्तों में यह क्षमता अधिक तीव्र होती है तो मनुष्यों में इसकी मात्रा कम पायी जाती है। खाने, अपने शत्रु को खोजने, अपना साथी ढूँढ़ने, पिल्लों की पहचान के लिए कुत्ते इस घ्राण शक्ति का इस्तेमाल करते हैं।

गंध महसूस करने की क्षमता किस प्रकार संचालित होती है, इसके बारे में ज्यादा जानकारी नहीं मिलती। नाक

के अतिरिक्त कोई साधन नहीं होते। मस्तिष्क को सूचनाएँ, देनेवाली शिराएँ, नसें इतनी सूक्ष्म होती हैं कि उनकी जाँच करना बेहद कठिन होता है।

गंध महसूस करने की क्षमता मनुष्य, कुत्ते और अन्य स्तनधारी प्राणियों के नथुने में पायी जाती है। श्वसन प्रक्रिया जब मंद-मंद गति से चलती है वायु का मुख्य प्रवाह उसके किनारों से प्रवाहित होता है।

दिमाग से जुड़ी हुई शिराओं का जाल मनुष्य की तुलना में कुत्तों में बड़ा और विस्तृत पाया जाता है उसकी नाक अंदर से गीली होने के कारण किसी भी प्रकार की गंध तीव्रता से महसूस करता है, उस दिशा में मुँह घुमाता है। यह आज तक हम देखते आए हैं। शिकार तथा अपराधियों के खोज कार्य में पिछले हजारों सालों मनुष्य कुत्ते की मदद लेता आया है।

49. क्या आदिम हिम मानव अस्तित्व में है?

हिमालय की कंदराओं, गुफाओं में घने, लंबे बालों वाला मनुष्य जैसा प्राणी होता है, ऐसी दंत कथाएँ, प्रचलित हैं। स्थानीय तिब्बती लोग इसे 'येती' कहते हैं। उसे देखने की बात कई लोगों ने स्वीकार की है वह मनुष्य तथा बंदर, इनके बीच की 'टूटी हुई कड़ी' है। ऐसा कई लोग मानते हैं।

50. इस बात का प्रमाण क्या है?

नेपाल के एक मंदिर में अति प्राचीन किस्म की खोपड़ी

रखी गई जिसे लोग 'येती' की मानते हैं। यह भी कहा जाता है यह किसी छोटे आकार के स्तनधारी प्राणी की अस्थियाँ भी हो सकती हैं।

कुछ वर्षों पूर्व यूरोपियन पर्वतारोहियों का एक दल एवरेस्ट शिखर की चढ़ाई करने के लिए गया था। एक दिन सुबह के वक्त किसी के भारी पाँवों के निशान कैम्प के बाहर दिखायी पड़े। उन्होंने इसकी तस्वीरें भी उतार ली।

यह निशान 'येती' के भी हो सकते हैं। कुछ लोगों का तर्क था। यह बड़े भालुओं के पैरों के निशान भी हो सकते हैं। निशान के आसपास की बर्फ पिघल जाने के कारण वे मूल आकार से बड़े भी दिखायी दे रहे थे।

किसी को पकड़कर या उसकी तस्वीरें लेकर यह दावा कतई नहीं किया जा सकता कि निश्चित रूप से 'येती' की तस्वीरें हैं। हिमालय की कंदराओं, गुफाओं में जाकर यह जानकारी प्राप्त करने की चुनौती आखिर कौन ले सकता है? चीनी लड़कियों के साथ छेड़छाड़ की वारदातें हुईं। विशेषज्ञों ने निष्कर्ष दिया कि वे बंदर ही हो सकते हैं।

51. मेढक पेड़ों पर कहाँ रहते हैं?

यूरोप, उत्तर व दक्षिणी अमेरिका, न्यूगिनी, उत्तर अफ्रीका तथा एशिया के गर्म प्रदेशों में मेढक पेड़ों पर रहते हैं। उनकी अँगुलियों के सिरे पर छोटी-छोटी चिपकने वाली चकत्तियाँ होती हैं जिसकी सहायता से पेड़ की डालियों को

पकड़कर रखा जा सकता है।

यूरोप के 'वृक्ष मेढक' प्रायः दो इंच लंबे, हरे रंग के होते है। उनकी तरफ देखते ही वे झट अपना रंग बदल लेते हैं। पीले, कत्थई या काला रंग भी धारण कर लेते हैं।

'वृक्षो मेढक' बहुरंगी होते हैं। हल्के सफेद, हरे, कत्थई इत्यादि रंगों में दिखायी पड़ते हैं, इनकी आवाज भद्दी और कर्कश होती है। उत्तर अमेरिका के वृक्ष मेढक भी कर्कश स्वर में सीटी बजाते हैं।

52. मगरमच्छ-घड़ियाल कहाँ जन्म लेते हैं?

मगरमच्छ-घड़ियाल का अंडे से निकला नवजात बच्चा लगभग आठ इंच का होता है। दलदली जमीन, नदी, उप नदी, सरोवर के किनारे ये जीव दिखायी पड़ते हैं। दुनिया के उष्णकटिबंध प्रदेशों में प्रमुख रूप से जन्म लेते हैं। उष्ण कीचड़ में इनकी मादाएँ एक बार में लगभग 70 अंडे देती हैं।

मजबूत खाल से ढँके हुए ये अंडे बत्तख के अंडों के आकार के होते हैं। मादी इन अंडों को सेवार/काई से ढँक देती है, बाद में सूर्य की गरमी से उन्हें सेती है। यह प्रक्रिया पूरी होने तक मादी इनकी रक्षा करती है। कीचड़ से बाहर निकालने के लिए वह तोड़कर अंडों को मुक्त कर देती है।

मगरमच्छ का चित्र

प्रौढ़ मगरमच्छ-घड़ियाल की लंबाई तीन से छह फुट लंबी होती है। छोटे मगरमच्छ पश्चिम अफ्रीका में, लंबे आकार के एशिया और आस्ट्रेलिया में पाए जाते हैं।

खारे जल में रहनेवाले नरभक्षी मगरमच्छ उत्तर अफ्रीका की नाइल नदी में पाए जाते हैं। उनकी पकड़ में आनेवाला कोई भी प्राणी खा जाते हैं।

53. छिपकली अपनी पूँछ क्यों छोड़ देती है?

छिपकली अपनी पूँछ किसी भी क्षण छोड़ सकती है। उस पर किसी ने आक्रमण कर दिया, तब शत्रु को असमंजस में डालने के लिए अपनी पूँछ छोड़ देती है। फंदे में उसकी पूँछ जब अटक जाती है या कहीं हमलावरों के चंगुल में फँस जाती है तब बड़ी आसानी से अपनी पूँछ छोड़कर खिसक जाती है।

कई छिपकलियों की पूँछ उनके पूरे शरीर के आकार की तुलना में चार गुना लंबी होती है। पूँछ छोड़ देने के कारण जो नुकसान होता है, वह थोड़ी देर के लिए होता है चूंकि बची हुई खुरंट से जल्दी ही नई पूँछ निकल आती है।

54. घोड़ों को नाल क्यों ठुकवायी जाती है?

उत्क्रांति के युग में घोड़ों ने पांच में से एक खुर खो दिया। शरीर को संतुलित रखने के हिसाब से प्रत्येक अंग को एक-एक खुर मिल गया। परंतु नुकसान होने के बजाय उसे फायदा ही मिला। जमीनी संपर्क की दृष्टि से वह तेजी से दौड़ सकता है। घोड़े का खुर कितना ही कड़ा क्यों न हो, कुछ दिनों में घिस ही जाता है। इसी उद्देश्य से उस पर नाल ठोंककर मुनष्य उसकी आयु और बढ़ा देता है। लोहे की नाल कील ठोंककर बिठायी जाती है।

55. एक झुंड में कितने भेड़िये होते हैं?

प्रत्येक शरद ऋतु में भेड़िया परिवार में नए पिल्लों की वजह से संख्या में वृद्धि होती है। एक झुंड में सामान्यतः पाँच भेड़िए होते हैं अधिक ठंड पड़ने पर भेड़ियों का झुंड बड़ा होता जाता है फिर एक समूह में 30 से ज्यादा भेड़िए नहीं होते हैं।

56. प्राणी किस तरह बातचीत करते हैं?

प्राणी विभिन्न तरीके से आपस में बातचीत करते

हैं, उदाहरणार्थ कौए 'काँव काँव' करते हैं तो मोर एवं मधुमक्खियाँ नृत्य करती हैं। प्रत्येक प्रकार के प्राणी की अन्य प्राणियों को सूचना देने की पद्धति होती है। पदार्थ खाने, प्रजनन और खतरे की सूचना देने के लिए यह आवश्यक पद्धति है। मानवीय भाषा अधिक प्रगतिशील, जटिल होते हुए भी उच्च कोटि की बुद्धिमत्ता आवश्यक होती है।

57. खून पीनेवाले चमगादड़?

दिन भर निद्रा लेनेवाले ये स्तनधारी प्राणी रात को बड़े सक्रिय हो जाते हैं हालाँकि इन प्राणियों से मनुष्यों को कोई खतरा नहीं होता है फिर भी उन्हें अपशकुनी कहा जाता है। अमेरिकन नस्ल के चमगादड़ अन्य प्राणियों पर हमला करते हैं उनका खून भी पी जाते हैं। इन चमगादड़ों के कैंची की तरह नुकीले दाँत होते हैं। ये शिकार की चमड़ी भेदकर जख्म से बहता हुआ रक्त चाट जाते हैं कभी-कभी तो उनकी इस हरकत का पता भी नहीं चलता? दक्षिण अमेरिका के खुले में सोनेवाले आदमी चमगादड़ के हमले से बचने के लिए खुद को अच्छी तरह ओढ़ लेते हैं।

58. प्राणियों को ऑक्सीजन की जरूरत क्यों पड़ती है?

मनुष्य बिना ऑक्सीजन के जी नहीं सकता क्योंकि शरीर को सक्रिय रखने के लिए ऑक्सीजन की आवश्यकता पड़ती है, इससे ईंधन का ऊर्जा में रूपांतर होता है। उसकी

प्रत्येक नस से कार्बन-डाइऑक्साइड और शरीर से वायुरूप द्वारा गंदगी बाहर निकालना जरूरी होता है।

सामान्य प्राणी आसमास के परिवेश से ऑक्सीजन लेते हैं और उसी मार्ग से कार्बन-डाइऑक्साइड बाहर निकालते हैं।

अधिक विकसित प्राणी अपने विशेष साधनों द्वारा इसका आदान-प्रदान करते हैं। उनका संचार-तंत्र रक्त प्रवाहिका होती है। यह रक्त प्रवाहिका यानि श्वसन क्रिया की मशीनरी होती है। इनमें फेफड़ों का स्थान महत्वपूर्ण है।

यद्यपि हमारी उत्पत्ति भी जलचर प्राणियों की तरह हुई है। जबकि मानव नौ माह की अवधि में माता के माध्यम से ऑक्सीजन प्राप्त करता है।

इस समय भी हमारी त्वचा के नीचे जल-तत्व मौजूद है। विकसित फेफड़ों की वजह से पानी के बजाय जमीन पर रह सकते हैं। हवा के अंदर बीस प्रतिशत ऑक्सीजन की मात्रा होने के कारण मनुष्य जीवित रह सकता है। आठ हजार फुट की ऊँचाई पर श्वसन-क्रिया करना मुश्किल जान पड़ता है परिणामस्वरूप सिरदर्द, अन्न त्याग तथा उलटियाँ शुरू हो जाती हैं। उतनी ऊँचाई पर हवा में ऑक्सीजन की मात्रा भी कम हो जाती है।

59. चार घुटनेवाला स्तनधारी हाथी

चार घुटनेवाला हाथी एकमात्र स्तनधारी प्राणी है।

अफ्रीका में पोंगोलो हाथी एक विशेष प्रकार के वृक्ष की तलाश में घूमता रहता है। इस वृक्ष के फलों से मादक द्रव्य तैयार किया जा सकता है। कल्पना कीजिए मादक द्रव्य पीकर लड़खड़ाता/झूमता हाथी कैसा लगता होगा?

60. सिंह का निर्यात

ब्रिटेन का विंडसर सफारी पार्क अफ्रीका को सिंह का निर्यात करता है। ब्रिटेन दुनिया का एकमात्र देश है, जो सिंह का निर्यात करता है।

सिंह का चित्र

61. ध्रुवप्रदेश का भालू तेज दौड़ता है?

ध्रुवप्रदेश के भालू पहाड़ी और शांत दिखने के बावजूद बर्फ के पर्वतीय भाग से शिकार का पीछा करते-करते एक घंटे में पच्चीस मील की गति से दौड़ सकता है।

भालू का चित्र

62. उल्टी तरफ सोनेवाला घोड़ा

रोजर नामक घोड़ा जमीन से पीठ टिकाकर चारों पैर ऊपर करके सोता है तथा मुँह भी खुला रखता है। अंत में हारकर उसके मालिक डेविस को एक बोर्ड लगाना पड़ा। 'यह घोड़ा मरा हुआ नहीं है।'

63. क्या चूहों को 'चीज' पसंद है?

आपने चूहों के बारे में व्यंग्य चित्र, सीरियल्स ही देखे होंगे? आमतौर पर चूहों की 'चीज' की अपेक्षा वनस्पति और अनाज ज्यादा पसंद होता है जबकि उन्हें खूब जमकर भूख लगती है, उसी हालत में वे 'चीज' खाते हैं।

64. स्तनधारी आखिर कैसा होता है?

जिस तरह मनुष्य स्तनधारी प्राणी है, उसी तरह सिंह, हाथी, देवमछली, सुअर और खरगोश भी स्तनधारी प्राणी

हैं। यह हमें कैसे पता चलता है? वैज्ञानिकों ने इस बारे में कुछ नियम बनाए हैं। अमुक प्राणी किस प्रकार का है। उदाहरणार्थ– स्तनधारी, रेंगनेवाले, पानी में रहनेवाले, पक्षी या कीड़े-मकोड़े।

अमुक प्राणी स्तनधारी है। शास्त्रज्ञ इसे दो बातों से प्रमाणित करते हैं। पहली बात यह है सभी स्तनधारी प्राणियों के शरीर पर बाल पाए जाते हैं, दूसरी बात, समस्त प्राणियों में ऐसी ग्रंथियाँ होती हैं कि जीवन के आरंभ में अपने बच्चों को दूध पिला सकते हैं।

बत्तखों की नस्ल के अंतर्गत 'प्लेटिपस' सबसे विलक्षण स्तनधारी प्राणी होता है, जिनके होठों के स्थान पर चोंच होती है। जो पिल्लों को जन्म देने के बजाय अंडे डालता है। बाद में अंडे सेता है। बच्चों को अपना दूध पिलाता है।

65. प्राचीन 'डायनासोर'

'डायनासोर' यानि विशालकाय छिपकली। कहते हैं, यह दिखने में महाभयंकर होने के बावजूद मनुष्य की दृष्टि से खतरेवाला प्राणी नहीं था। जो हरी-भरी वनस्पति खाया करता। इन्हीं में से 'हायनॅरोसोर' नाश्ते के लिए 'डायनासोर का बच्चा' खा जाया करता था।

उसकी हड्डियों के अवशेष देखने पर पता चलता है? यह राक्षसी आकार का प्राणी कैसा दिखता होगा?

वह लगभग 7 मीटर ऊँचा (अर्थात 23 फुट) था। सर पर सींग लगे होते थे। उसके विशाल जबड़े में 15 सेमी. यानि 6 इंच लंबाई के दाँत थे। आमतौर पर छिपकलियाँ जिस तरह चलती हैं डायनासोर उसी तरह तनकर चलता होगा। पंजानुमा पैरों पर दोनों ओर हिलते-हिलते तेजी से चलता था। वजनदार पूँछ की सहायता से अपना संतुलन भी बनाए रखता था।

66. किस प्राणी के बच्चों को 'जोय' कहते हैं?

ऑस्ट्रेलिया और न्यू गिनी देश में रहनेवाले कंगारू या बड़े स्तनधारी प्राणियों के बच्चों को 'जोय' कहते हैं। बड़े आकार के सफेद से रंग के कंगारू जंगल में रहते हैं, घास और पत्तियाँ खाते हैं। लाल कंगारू पठार पर रहना अधिक पसंद करते हैं। छोटे कंगारू को 'वॉलाबीज' कहते हैं। वृक्षों पर रहने वाले कंगारुओं के पैरों पर विशेष प्रकार के तकिए नुमा गद्दे लगे होते हैं। इसी वजह से वे सुरक्षित रूप से पेड़ों पर चढ़ सकते हैं। जब तक बच्चे हर काम की दृष्टि से आत्मनिर्भर, नहीं होते हैं, कंगारू मादा उसे पेट के थैले में डालकर देखभाल करती रहती है। अधिकांश कंगारू झुंड बनाकर घूमते हैं।

67. सबसे तेज गति से दौड़नेवाला प्राणी।

थोड़ी दूर तक दौड़ने की नौबत आती है तब आदमी

और हाथी एक घंटे में पच्चीस मील भाग सकता है। रेस का घोड़ा भी तेज गति से दौड़नेवाला जीव है। 'ग्रे हाउस' नस्ल की कुत्तिया घंटे में पैंतीस मील तक दौड़ सकती है। सबसे तेज दौड़ने वाले वन्य प्राणी यानि काला मृग, हिरण और गॅजेल– जो एक घंटे में 65 मील की रफ्तार से दौड़ सकता है। सर्वाधिक तेज गतिवाला चीता होता है, जो एक घंटे में 70 मील की गति से भाग सकता है परंतु अगर प्राणी और पक्षियों की आपस में तुलना करें तो पाते हैं 'स्विफ्ट' नामक पक्षी सबसे ज्यादा गतिशील होता है, जो एक घंटे में 170 किमी. अथवा 102 मील प्रति घंटा की गति से दौड़ सकता है।

68. मगरमच्छ कितने खतरेवाले हो सकते हैं।

सभी मगरमच्छ मांसाहारी एवं जलचर होते हैं। छोटे लक्ष्य शिकार से लुक-छिपकर तैर सकते हैं, इसीलिए उन्हें निगल भी सकते हैं। जब कभी वह भक्ष्य प्राणियों को पकड़ते हैं, जाल में फँसाकर, दम घुटने तक गहरे पानी में ले जाते हैं। शिकार को दाँतों में दबाकर मगरमच्छ उसके कई टुकड़े कर देता है सिर्फ अफ्रीका के कुछ हिस्सों में मगरमच्छ घोंसलों की रक्षा करते हैं, जलस्तर के घटते ही अधिक आक्रामक हो उठते हैं। 'रोग' प्रजाति के बूढ़े मगरमच्छ पालतू प्राणी पकड़ते हैं और उनकी देखरेख करने वाले आदमियों पर आक्रमण कर देते हैं।

69. पुराने नाम

सुअर, गाय, बकरी, बछड़ा ये सभी पुराने नाम अंग्रेजी भाषा की दृष्टि से रखे गए हैं। 1066 में पूर्व के फ्रेंच भू-स्वामियों ने नए नामों की शुरुआत का उनके अनुसार मांस को पोर्क, बीफ, मटण के नाम से पहचान मिली।

चित्र

70. दुनिया की सबसे बड़ी छिपकली कौन सी है?

10 फुट लंबी और 300 पाउंड वजनवाली छिपकली के बारे में आप भला क्या कल्पना कर सकते हैं? इतने विशाल आकार और वजन की 'कोमोड़ो ड्रेगन' नामक एक छिपकली है। उसका 'ड्रेगन' नाम किस तरह पड़ा? यह बात बेहद दिलचस्प है। उसके क्रूर और भयानक जबड़े को मजबूती देनेवाली होती है एक लंबी गर्दन। शक्तिशाली और मोटी-मोटी सी पूँछ, इसी वजह से उसे इतनी शारीरिक लंबाई प्रकृति ने प्रदान की है। छोटे पैरों पर बड़े पंजे के अलावा उसकी काँटेदार, चमकती जीभ भयावह राक्षसी रूप दे देती है।

उसकी पूँछ मनुष्य का कुछ बिगाड़ नहीं सकती। छिपकली के जबड़े का प्रहार हाथ या पैर पर पड़ गया तो गंभीर किस्म का जख्म हो जाता है। छोटे प्राणियों को मारकर खिलवाड़ करती रहती है। ऐसा सुना गया है, कुछ छिपकलियाँ छोटे हिरण और सुअरों को मारकर खा जाती हैं।

71. केकड़ा सीपी में क्यों रहता है?

केकड़े का शरीर बेहद नाजुक होता है अगर उसकी सुरक्षा का ठीकठाक इंतजाम न हो तो आसपास निगरानी करनेवाले खा जाएँगे। इसी डर की वजह से पुराने जमाने से उसे सीप में रहने की आदत पड़ गई है, उसके दो जोड़ी पैर चलने के लिए तथा बाकी के पैर सीप को मजबूती से पकड़ने के उद्देश्य से इस्तेमाल होते हैं। इन पैरों का उपयोग बाहर से आने वाले जीवों को रोकने के लिए किया जाता है। जब केकड़ा सीप में समाने लायक नहीं होता, तब वह बाहर निकल पड़ता है, सावधानीपूर्वक सीप की जाँच-पड़ताल करता है ताकि आसपास दूसरा घर बनाने लायक सीप है या नहीं? अगर उसे लगता है सीप में पर्याप्त जगह है, झट से पहली सीप छोड़कर अन्य में चला जाता है, बड़ी जगह में फिर से अपना घर सजाता है। घर बदलते समय इस बात की पुष्टि कर लेता है कि किसी शिकारी या शत्रु ने देखा तो नहीं?

72. कुत्ते हड्डियाँ क्यों गाड़कर रखते हैं?

कुत्ते, अन्य प्राणियों की अपेक्षा मनुष्यो के साथ ज्यादा देर तक रहते हैं? इसके बावजूद उनकी कई हरकतों से पता चलता है वे अपने पूर्वजों की परंपराओं का इस समय भी पालन करते हैं। उदाहरणार्थ, सोने के पूर्व कुत्ते उस जगह के तीन चक्कर लगाता है। इसका यही कारण है। जंगल में रहनेवाले उसके पूर्वजों को अपना घोंसला पत्तों के बीच समतल करके बिछाना पड़ता था। कुत्ता जब खड़ा होकर भौंकता है, तब भी अपने पूर्वजों का ही अनुकरण करता है। कुत्ते उस जमाने में झुंड बना बनाकर रहते थे और इसी तरह भौंक-भौंककर जगा दिया करते थे। हड्डियों को जमीन में गाड़ने की पहले की परंपरा का यही अर्थ होगा। लोगों द्वारा कुत्तों को खाने-पीने की चीजें नियमित रूप से देने के पूर्व, कुत्तों को शिकार के लिए स्वयं कोशिश करनी पड़ती थी इसीलिए शिकार द्वारा प्राप्त हड्डियों को गाड़कर रखने के अलावा दूसरा कोई सुरक्षित उपाय नहीं था। उनकी तीव्र घ्राणशक्ति की क्षमता के कारण गाड़कर रखी गई हड्डियों को ढूँढ़ पाना उतना मुश्किल काम नहीं लगता था।

73. 'राक्षसी मक्खी' कितने वेग से उड़ सकती है?

उड़नेवाले कीड़ों की गति को मापना कठिन होता है। परंतु एक 'राक्षसी मक्खी' एक घंटे में तीस मील की गति से उड़ सकती है। यह कीड़ों में अत्यंत कुशलतापूर्वक

उड़नेवाला जीव है। गर्मियों में नदी के किनारे विभिन्न रंगों का प्रदर्शन करते हुए यह मक्खियाँ दिखायी पड़ जाती हैं। दूर तक क्षेत्र में फैले, उड़ते कीड़ों को पकड़ने के लिए प्रकृति ने इन्हें भारी भरकम सा आकार दिया है। हवा में झूलते, लटकते हुए सुंदरता से व्यायाम भी कर सकती हैं। दो जोड़ी शक्तिशाली पंखों के अलावा लंबा सा शरीर, उड़ते समय स्थिरता प्रदान करते हैं। इसके माथे पर दो बड़ी-बड़ी मिली जुली सी आँखे होती हैं। अपने शिकार को पकड़ने के लिए तेज नजर डालकर झपट्टा मारती है।

'राक्षसी मक्खी' जब शारीरिक रूप से विकसित होती है, उसमें अपरिपक्व परिवर्तन होते हैं। सेने के बाद उसकर कुछ भाग माता-पिता सरीखा दिखायी पड़ता है। वह अपने अंडे पानी में सेती है। बच्ची मक्खी दो वर्ष पानी के नीचे रहती है। प्रौढ़ होते ही वह पानी से बाहर आती है। बच्ची मक्खी माँ-बाप की तरह लालची और सक्रिय होती है। वह धीरे से वनस्पति के अंदर प्रवेश करती है। मछली और कीड़े पकड़ती है। जबड़े को फैलाकर अपना शिकार पकड़ती है। आराम करते वक्त जबड़ा सिकुड़ जाता है।

74. बिल्लियों को अँधेरे में क्यों दिखायी पड़ता है?

उपर्युक्त श्रेणी के सभी प्राणियों की आँखों में कैमरे के 'अपार्चर' सरीखी संरचना होती है। जब प्रकाश की मात्रा तेज होती है तब ग्रंथियों की सुरक्षा के लिए संरचना सिकुड़

जाती है। इस वजह से आँखों के 'रेटिना' के पतले परदे का बचाव होता है। जब मंद प्रकाश होता है, तब संरचना फैलने लगती है।

बिल्ली तथा अन्य प्राणियों की तुलना में यह संरचना अधिक फैलनेवाली होती है। इसी वजह से ज्यादा से ज्यादा प्रकाश आँखों में प्रवेश कर सकता है। इसीलिए वे अंधेरे में भी देख सकते हैं।

75. क्या देवमछली पानी में कुल्ला करती है?

हम फिल्मों और तस्वीरों में देखते हैं, देवमछली पानी में कुल्ला करती है। कुल्ले भी पानी जैसे दिखायी पड़ते हैं। 'देवमछली' इसी से पहचानी जाती है, परंतु जो मुँह से निकल पड़ता है, वह पानी नहीं बल्कि भाप होती है। लगभग घंटे भर पानी में तैरने पर इस्तेमाल की गई हवा देवमछली के फेफड़ों में गर्मी से तपकर भाप का रूप ले लेती है। जब वह उलटी-पलटी होकर ऊपर आती है तब एक नथुना खोलती है जिससे संचित की गई भाप बाहर निकलती है, दूर से देखनेवालों को वह पानी जैसा दिखायी पड़ता है।

76. क्या ऑक्टोपस मनुष्य के लिए घातक होता है।

ऑक्टोपस द्वारा मनुष्य पर आक्रमण किए जाने के कई किस्से सुनायी पड़ते हैं। कुंडली जमाने वाले हाथों से जब शत्रु को जकड़ लेता है। यह कभी-कभी घटित होता है।

ऑक्टोपस जब कुछ खोजने के लिए निकल पड़ता है कई तरह के आकार बना लेता है। ऐसे वक्त में मनुष्य अगर संतुलन, धैर्य बनाए रखे तो वह ऑक्टोपस की जकड़ से जल्दी मुक्त हो सकता है।

77. बढ़ई पक्षी की जीभ कितनी लंबी होती है?

बढ़ई पक्षी वृक्ष की छाल को अपनी छैनी जैसी चोंच से खोखला करके लंबा छेद बना देता है। उसकी जीभ लगभग 6 इंच लंबी होती है उसके सिरे में ऐसी तीक्ष्ण धार होती है, जिसकी सहायता से पेड़ को खोखला बना देता है।

78. क्या बिच्छू मनुष्य को मार सकता है?

बिच्छू एक ऐसा प्राणी है, जो आपस में हिंसक तरीके से बर्ताव करते हैं इसीलिए वे अकेले-अकेले ही जिंदगी जीते हैं। वे सूखी और गर्म जगह में रहते हैं। पत्थरों के नीचे खुद को छिपाकर रखते हैं। मकड़ी और छोटे कीड़ों को खाते हैं। बिच्छुओं को ठीक तरीके से दिखायी नहीं पड़ता, उसके बाबजूद जब कभी वे उसके पास से गुजरने की कोशिश करते हैं, झपट्टा मारकर पकड़ लेते हैं। जहरीले डंक मारकर शिकार के कई टुकड़े कर डालते हैं। इनकी विशेषता है, बिना किसी वजह किसी को नुकसान नहीं पहुँचाते परंतु किसी भी संकट के लिए उनका डंक हमेशा तैयार रहता है।

उनकी इस आदत के कारण बिच्छू मनुष्य के लिए हमेशा खतरनाक साबित होते हैं। हमेशा मनुष्य के घरों की ओर आकर्षित होते हैं।

खाली अंडे का आवरण उनका पहला पसंदीदा खाद्य पदार्थ है चूंकि उसके अंदर आवश्यक मात्रा में अन्न प्राप्त होता है। बिच्छू का विष खतरनाक हो सकता है फिर भी इससे मनुष्य की मौत नहीं होती है।

79. साँप क्या सचमुच अंधा होता है?

अंधे साँप जमीन के नीचे रहते हैं, लगभग सभी अंधे होते हैं। गुलगुले जैसा शरीर होने के कारण यहाँ वहाँ रेंगते रहते हैं। सिर में हड्डियाँ होने के कारण उसकी सहायता से जमीन में बिल बना सकते हैं। प्रायः 7 इंच से ज्यादा आकार वाले साँपों की अनेक प्रजातियाँ होती हैं।

80. सभी साँप खरतनाक होते हैं?

'खतरनाक' यानि क्या? हमें इस शब्द पर ध्यान देना होगा। सभी साँप विषैले नहीं होते हैं, कुछेक विषैले होते हैं, वही साँप मनुष्य के लिए खतरनाक सिद्ध होते हैं। मनुष्य जिस तरह की वस्तुएँ खाता-पीता है, उस दृष्टि से वह भी खतरनाक कहा जा सकता है। साँप उसके शिकार की दृष्टि से खतरनाक हो सकता है।

चूहे, घूस जैसे छोटे प्राणियों को सहजता से मारकर

खा जाता है, साँप पहले तो कुंडली में लपेट कर उनका दम घोंट देता है फिर साँप पूरा शिकार निगल जाता है चूंकि उसका जबड़ा काफी बड़ा होता है।

ब्रिटेन में तीन प्रकार के साँप पाए जाते हैं।

बिना पैर की छिपकली का अर्थ साँप नहीं होता है। घास में रहनेवाला साँप विषैला नहीं होता। जो साँप चूहे और मेढक खा जाते हैं, वे पौने छः फुट तक लंबे हो सकते हैं। ब्रिटेन का गुलगुला साँप भी विषैला नहीं होता। वह कीड़े और छिपकलियाँ खाता है। 'वाइपर और अडर' नस्ल का ब्रिटिश साँप विषैला होता है। उसके काटने पर मनुष्य मरता नहीं? जबकि तत्काल इलाज कराना पड़ता है। घास में रहनेवाले साँप के सिर के चारों ओर पीली-सफेद कॉलर होती है, इसीलिए उसे पहचाना जाता है।

जीव जगत

हम बचपन से ही आसपास के वातावरण में कुत्ता-बिल्ली, गाय-भैंस, बैल आदि अनेक प्रकार के जानवर, कबूतर, मुर्गा, गौरेया, कौआ आदि पक्षी तथा मक्खी-मच्छर, चींटी-चींटा-बर्र, तितली-भौंरा आदि कीड़े-मकोड़े को देखने लगते हैं। साँप-छिपकली-नेवला आदि घास-फूस और बाग-बगीचों में तथा मेंढ़क, मछली, कचुआ आदि तालाबों व नदियों के किनारे दिखाई दे सकते हैं। ये सभी अपे वातावरण के अनुसार अलग-अलग बनावट के होते हैं कुत्ता-बिल्ली, गाय-भैंस, बकरी, घोड़ा-बैल-खच्चर, आदि जानवर चार पैरों वाले होते हैं, इसलिए इन्हें चौपाए भी कहते हैं। इनके मुँह में दाँत होते हैं पक्षियों के पैर दो होते हैं, जिन्हें पंजा कहा जाता है। जमीन पर थोड़ा-बहुत फुदकने का काम वे पैरों से करते हैं, लेकिन आकाश में उड़ने के लिए उन्हें अपने पंखों की सहायता लेती होती है। पंख पक्षियों की शारीरिक बनावट का एक सबसे महत्त्वपूर्ण अंग है। इनके मुँह की जगह चोंच होती हैं और उसी की मदद से ये अपना भोजन पकड़ती-चुनती और खाती हैं। पंख मछलियों के शारीरिक बनावट के भी बहुत महत्त्वपूर्ण अंग हैं। ये इन्हीं पंखों से पानी में तैरती हैं मेंढ़क के चार पैर होते हैं, लेकिन इसे जानवर नहीं कहा जा सकता है। वह जल-जीव है और उसके पैर झिल्लीदार होते हैं। उन्हीं की सहायता से वह इधर-उधर फुदकता रहता है। कीट-पतंगों

की शारीरिक बनावट जानवरों और पक्षियों से अलग होती है। उनके शरीर में पैर तो होते ही हैं, कुछेक के शरीर में पंख भी होते हैं। कीट-पतंगों के पैरों की संख्या छह होती है। लेकिन पंखो की संख्या अलग-अलग होती है। मक्खी के दो पंख होते हैं, तो तितली के चार। जुएँ के शरीर में कोई पंख नहीं होता। कुछ कीड़े ऐसे होते हैं जिनके न पैर होते हैं, न पंख। वे जमीन पर रेंगते हैं। साँप और केंचुआ इसी श्रेणी में आते हैं। हाथी, ऊँट, शेर, बाघ आदि आकार में बहुत बड़े चौपाए जानवर हैं। ये प्रायः जंगलों में रहते हैं और इनमें से ज्यादातर हिंसक होते हैं। हाथी और ऊँट को कहीं-कहीं सवारी या सामान ढोने के लिए पालतू भी बना लिया गया है।

भोजन और आवास

जीव जगत के सभी जानवरों, पक्षियों, कीट-पतंगों व कीड़ों की खाने-पीने व रहन-सहन की आदतें अलग-अलग होती हैं। बकरी, गाय-भैंस, घोड़ा-ऊँट, खरगोश आदि जानवर अपने भोजन के लिए घास, पत्तियों, भूसा व अनाज पर निर्भर होते हैं। कबूतर, गौरेया, मुर्गी आदि पक्षी अनाज के दाने चुग कर अपना पेट भरते हैं। मेंढ़क, छिपकली, मकड़ी आदि कीट-पतंगों को अपना आहार बनाते हैं। शेर, बाघ, भालू आदि जंगली जानवर तथा गीदड़, बाज, आदि पक्षी माँसपक्षी होते हैं।

इसी प्रकार गर्मी, जाड़ा, बरसात आदि अलग-अलग ऋतुओं में मौसम की मार से अपनी रक्षा के लिए हम मनुष्यों की भाँति, अन्य बहुत से जीवों को भी घर या बसेरे की जरूरत होती है। चिड़िया घोंसला बनाकर रहती है, पालतू पशुओं के लिए हम अपनी सुविधा के अनुसार गैथान, बाड़ा आदि बनाते हैं, मकड़ी अपने लिए जाला बुनती है, खरगोश, चूहा, साँप आदि बिलों में रहते हैं। और शेर-बाघ आदि जंगल में अपनी मांदों में रहते हैं।

पालतू तथा उपयोगी जानवर

जीवन जगत के सभी सदस्य अपने-अपने स्तर पर मनुष्य-जीवन के लिए उपयोगी हैं, लेकिन उनमें से कुछ ऐसे हैं, जिनकी हमारे घरेलू जीवन में बहुत ज्यादा उपयोगिता है। गाय, भैंस, बकरी आदि से हमें दूध मिलता है, तो मुर्गी के अण्डे हमारे भोजन में अपनी उपयोगिता साबित कर चुके हैं बकरा, भेड़, सूअर, मुर्गा आदि का गोश्त खाने के काम आता है, तो भेड़ से ऊन, शहतूत के कीड़े से रेशम, सूअर से बारू आदि हम प्राप्त करते हैं। इसी प्रकार बहुत से जानवरों व जीवों की खाल जूते, कोट, सूटकेस आदि बनती हैं और उन्हें उपयोग में लाते हैं। कुत्ता-बिल्ली आदि जानवर हमारे घरेलू जीवन में रखवाली का काम करते हैं, तो ऊँट, बैल, गधा, हाथी, घोड़ा आदि का उपयोग हम सवारी के लिए बोझा ढोने के लिए और खेत जोतने के लिए करते हैं।

जंगली जानवर

जंगली जानवरों को हम पालतू पशुओं की तरह घरों में नहीं पालते। वे जंगल में रहते हैं। शेर, चीता, बाघ, भालू, हाथी, हिरन, साँप और बहुत से पक्षी इसी श्रेणी में आते हैं।

जानवर और उनका आहार

जानवर सजीव या प्राणवान वस्तुएँ हैं। शरीर के विकास के लिए उन्हें भोजन चाहिए। चलने-फिरने व अन्य दूसरे कामों को करने के लिए उन्हें शक्ति चाहिए। यह शक्ति उन्हें भोजन से मिलती है। स्वस्थ रहने के लिए भी उन्हें भोजन चाहिए।

हम जानते हैं कि पौधे अपना भोजन स्वयं तैयार करते हैं पर जानवर ऐसा नहीं कर सकते। सभी जानवरों और मनुष्यों को प्रत्यक्ष या अप्रत्यक्ष रूप से पौधों से भोजन प्राप्त होता है।

कुछ जानवर, जैसे—गाय, घोड़ा, बकरी, भेड़ तथा खरगोश आदि घास या अन्य पौधे खाते हैं।

कुछ जानवर जैसे—मेंढ़क, कुत्ता, बिल्ली, शेर, बाघ तथा लोमड़ी आदि पौधे खानेवाले जानवरों का माँस खाते हैं।

कुछ जानवर, जैसे—भालू पौधों तथा दूसरे जानवरों, दोनों को ही खाते हैं।

मनुष्य अनेक प्रकार से पशुओं का उपयोग करता है। इसलिए उनके काम के अनुसार मनुष्य को उन्हें भोजन देना पड़ता है।

दूध देने वाले पशुओं, जैसे—गाय, भैंस, बकरी को बढ़िया घास, बिनौले और दूध बनाने वाले खाद्य-पदार्थ खिलाए जाते हैं।

बोझा ढोने वाला और खेतों में काम करने वाले पशुओं जैसे—ऊँट, गधा, खच्चर, बैल तथा घोड़े को तिलहन और अनाज-जैसा शक्तिदायक भोजन दिया जाता है।

अण्डे देने वाले पक्षियों, जैसे—मुर्गी, बत्तख को इशरीर बढ़ानेवाला भोजन अधिक दिया जाता है।

यदि हम घरेलू जानवरों से अच्छा काम लेना चाहते हैं तो हमें उन्हें पर्याप्त मात्रा में उचित भोजन देना चाहिए।

भोजन के खाने के तौर-तरीके भिन्न-भिन्न होते हैं

जानवरों का मुँह, उनका जबड़ा और दाँतों की आकृति उनके द्वारा खाये जाने वाले भोजन पर निर्भर करती है।

कुछ जानवर, जैसे मेंढ़क, साँप अपने शिकार (भोजन) को पूरा का पूरा निगल लेते हैं। उनके दाँत भोजन को चबाते नहीं हैं।

घास खानेवाले जानवरों के सामने के दाँत पैने होते हैं, जिनसे वे पौधों को कुतरकर खाते हैं। भोजन को चबाने के लिए उनके पीछे के दाँत चौड़े और मजबूत होते हैं। भोजन को चीरने-फाड़ने का काम उनके दाँत नहीं करते। उनके सामने के तथा पीछे के दाँतों के बीच खाली स्थान होता है।

घास खानेवाले जानवरों में से कुछ अपने सामने के दाँतों से घास का कुतरकर तुरन्त निगल जाते हैं। फिर कुछ समय बाद वे थोड़ा-थोड़ा करके उस भोजन को अपने पेट से मुँह से वापस ले आते हैं। तब ये इस भोजन को अच्छी तरह चबा-चबाकर खाते हैं। इस प्रक्रिया को जुगाली करना कहते हैं।

कुछ माँस खाने वाले जानवरों, जैसे—कुत्ता, बिल्ली, शेर, बाघ आदि के विशेष प्रकार के लम्बे व नुकीले दाँत होते हैं। इन दाँतों में वे माँस को चीरते-फाड़ते हैं। माँस तथा हड्डियों को चबाने के लिए इनके मजबूत पीसने वाले दाँत भी होते हैं। जैसे—बिल्ली, कुत्ता।

कुछ जानवरों, जैसे—बिल्ली, कुतिया, गाय, घोड़ी, भैंस, सुअरी आदि के बच्चे तरल पदार्थ चूसते हैं। ये बच्चे अपनी माँ का दूध पीते हैं।

कुछ जानवर, जैसे—चूहे गिलहरियाँ आदि बीज, फल या पौधों से मिलने वाली अन्य वस्तुएँ खाते हैं। उनके सामने के ऊपर तथा नीचे के दो-दो दाँत बहुत ही पैने होते हैं।

जोंक जानवरों का खून चूसती है। यह अपने चूसनेवाले अंगों से जानवर के शरीर पवर कसकर चिपक जाती है। फिर अपने मुँह से खून चूसती है। तितली अपनी लम्बी जीभ से फूलों का मधुरस चूसती है।

कुत्ते तथा बिल्ली-जैसे जानवर जीभ से चाटकर दूध और पानी पीते हैं।

घरेलू जानवरों की देखभाल

हम शौक के लिए या काम कराने के लिए घरों में जानवरों को पालते हैं। इन घरेलू जानवरों को चित्र देखभाल एवं निगरानी की जरूरत होती है। जिस तरह हम अपने लिए हम घर बनाते हैं उसी तरह घरेलू जानवरों के लिए भी हमें उचित आश्रय (घर) का प्रबन्ध करना चाहिए।

कुछ लोग शौक में तोते, कबूतर और नन्हीं चिड़ियाँ पालते हैं। इनके लिए सही ढंग के पिंजरे होने चाहिए। इनके पिंजरों में खाने और पानी की अलग-अलग कटोरियाँ रखनी चाहिए। इनमें पक्षियों से बैठने के लिए एक डण्डीदार झूला भी होना चाहिए।

पालतू जानवरों के घर प्रतिदिन साफ किये जाने चाहिए।

उनमें से गोबर, बीट आदि निकाल देनी चाहिए। जानवरों को ठीक समय पर अच्छा भोजन व पीने का साफ पानी भी दिया जाना चाहिए।

जानवरों को साफ रखना चाहिए। उनकी त्वचा, आँखों, कानों आदि की देखभाल भी करनी चाहिए। जब जरूरत हो तो उन्हें नहलाना चाहिए।

यदि पालतू जानवर घायल हो जायें या बीमार पड़ जायें तो हमें तुरन्त उन्हें पशु-चिकित्सालय में ले जाना चाहिए।

हमें पशुओं के प्रति दयालु होना चाहिए। उन्हें मारना नहीं चाहिए, हम बहुत अधिक काम नहीं लेना चाहिए। पशु अमारे मित्र हैं।

पक्षी जगत

पक्षी धरती पर पाये जाने वाले सबसे सुन्दर जानवर हैं। हमें स्नेह से उनकी ओर देखना और उनका गुन्जन सुनना अच्छा लगता है। तुमने अक्सर उन्हें इधर-उधर फुदकते और हवा में उड़ते देखा होगा।

मनुष्य के मन में सदा ही पक्षियों की तरह आकाश में उड़ने की चाह रही। इसलिए उसने हवाई जहाज बनाया।

आओ देखें कि ऐसा क्या है जिसके कारण पक्षी तो उड़ सकते हैं पर अन्य जानवर ऐसा नहीं कर पाते।

वह कोई भी चीज जिसे हवा में तैरते रहना है उसे अल्का होना होगा वरना वह नीचे गिर जाएगी।

सिर, पूँछ, पंख तथा पैर पक्षी के शरीर के विभिन्न अंग हैं। ये सभी अंग बहुत ही हल्के होते हैं।

पक्षी की हड्डियाँ पीली होती हैं और उनमें हवा भरी होती है। इसीलिए पक्षी हल्के होते हुए भी मजबूत होते हैं।

पक्षी का शरीर एक नाव की आकृति का होता है इसलिए वह आसानी से हवा में तैर सकता है।

पक्षी अपने डैनों की मदद से उड़ते हैं। डैने वास्तव में पक्षी की भुजाएँ होती हैं।

डैनों में पंख लगे रहते हैं। ये पंख उड़ने में पक्षी की सहायता करते हैं मजबूर माँसपेशियों की सहायता से पक्षी अपने डैने ऊपर-नीचे कर सकते हैं ये माँसपेशियाँ ही डेनों की छाती की हड्डी से जोड़ती हैं। इन्हें उड़नपेशियाँ कहते हैं।

पक्षी का शरीर पंखों से ढका रहता है। कुछ पंख पक्षी के शरीर को गरम रखते हैं इन्हें नीचे के पंख कहते हैं।

डैनों तथा पूँछ की हड्डी में लगे दूसरे पंख पक्षियों के उड़ने में सहायक होते हैं। इन्हें उड़न-पंख कहते हैं।

पक्षियों की पूँछ पंखों से बनी होती है और उड़ते समय दिशा-परिवर्तन में उनकी सहायता करती है।

चिड़ियाँ कैसे उड़ती हैं?

जब चिड़िया उड़ना चाहती है तो वह अपने डैने फड़फड़ाकर धीरे-धीरे हवा ऊपर उठ जाती है। काफी ऊँचाई पर पहुँचने के बाद उसे डैने फड़फड़ाने की जरूरत नहीं रहती है। तब वह अपने डैनों को फैलाकर हवा में तैरती रहती है।

कुछ पक्षी, जैसे—शुतुरमुर्ग, किवी, पेंग्विन आदि बिलकुल नहीं उड़ते। वे अपने पैरों से धरती पर चलते हैं।

कुछ पक्षी, जैसे—मुर्गा, मुर्गी आदि थोड़ी दूर तक ही उड़ते हैं।

कुछ पक्षी जैसे—अबाबील, कबूतर, कौवा आदि लम्बी उड़ान भरते हैं।

पुराने जमाने में कबूतर एक स्थान से दूसरे स्थान पर पत्र पहुँचाते थे।

कुछ पक्षी, जैसे—गौरैया आदि निचाई पर ही उड़ते हैं।

शिकरी पक्षी, जैसे—गरुड़, गिद्ध और चील अति बहुत ऊँचाई पर उड़ते हैं। जमीन पर शिकार को खोजने के लिए उनकी आँखें बहुत तेज होती हैं।

जलचर (पानी के पक्षी)

जलपक्षी अनेक प्रकार के होते हैं। तेल ग्रन्थियाँ उनके पंखों को पानी से बचाते हैं। यह तेल उनके पंखों को गीता होने तथा पानी से खराब होने से बचाता है पानी में रहने वाले पक्षियों के पैरों की उँगलियों के बीच एक झिल्ली होती है। पक्षी अपने झिल्लीदार पैरों की सहायता से पानी में तैरते हैं। साधारणतः बत्तख, जलमुर्गी, सारस आदि जलपक्षी हैं।

पक्षियों की चोंच और पंजे

पक्षियों के दाँत नहीं होते पर सभी पक्षियों की चोंच होती है। पक्षियों की भिन्न-भिन्न प्रकार के चोंच होती हैं। पक्षियों की चोंच से हमें यह पता चलता है कि वे किस प्रकार का भोजन खाते हैं और कैसे उस भोजन को प्राप्त करते हैं।

कुछ पक्षी दुश्मनों से अपनी रक्षा के लिए अपनी चोंच का प्रयोग करते हैं।

छोटी, सख्त एवं सींगदार चोंच

गिरियों को तोड़ने तथा अनाज और बीजों को खाने वाले पक्षियों, जैसे—गौरेया, कबूतर, मोर और मैना आदि की चोंच छोटी, सख्त एवं सींगदार होती हैं गौरेया अन्य पक्षियों को मार भगाने के लिए भी अपनी चोंच का प्रयोग करती है।

मजबूत, काँटेदार चोंच

माँस को चीर-फाड़कर खाने वाले पक्षियों, जैसे—गिद्ध, गरुड़ आदि की चोंच मजबूत व काँटेदार होती है।

सख्त, पैनी एवं टेढ़ी चोंच

छोटी-छोटी चिड़ियों के माँस को चीरने-फाड़ने वाले पक्षियों, जैसे—बाज, उल्लू आदि की चोंच सख्त, पैनी एवं टेड़ी होती है।

काँटे की तरह मुड़ी हुई चोंच

गिरियों कारे तोड़ने तथा फल से बीजों को निकालने के लिए तोते ही चोंच काँटे की तरह मुड़ी होती है। तोते की चोंच ऊपर चढ़ने में भी उसकी सहायता करती है।

मजबूत और भारी चोंच

कठफोड़वा की चोंच मजबूत और भारी होती है। यह कीड़ों की तलाश में पेड़ों की छाल पर चोंच मारता है। जब इसे कोई कीड़ा मिल जाता है तो लकड़ी में छेद करके यह उसे बाहर निकाल लेता है। यह काम कठफोड़वा अपनी लम्बी, खुरदुरी और चिपकनी जीभ की सहायता से करता है।

कोमल, चौड़ी चोंच

अबाबील की चोंच कोमल और चौड़ी होती है। उनके मुँह अन्दर से बहुत चिपकने होते हैं। अबाबील अपनी चोंच चौड़ी खोलकर, तेजी से निचाई पर आती है और हवा में चक्कर लगाती हैं इस प्रकार उड़ते हुए सैंकड़ों कीड़े-मकोड़े इसके मुँह में चिपक जाते हैं।

लम्बी, पतली और मुड़ी हुई चोंच

हूपू की चोंच लम्बी, पतली और मुड़ी हुई होती है। यह अपनी चोंच से जमीन में छेद करके कीड़े-मकोड़ो को बाहर निकाल लेती है।

चौड़ी और चपटी चोंच

बत्तख की चोंच चौड़ी और चपटी होती है। वह अपनी चोंच से पानी के नीचे की कीचड़ खोदता है। बत्ता की चोंच के किनारों में जाली लगी होती है। पानी और कीचड़ इस जाली से बाहर निकल जाता है और नन्हें पौधे व पानी के जन्तु उसके मुँह में रह जाते हैं।

पैर और पंजे

जिस प्रकार पक्षी की चोंच से उसका खान-पान की आदतों के बारे में पता चलता है उसी तरह उसके पैरों और पंजों से उसके रहन-सहन के बारे में बहुत कुछ पता चलता है। भिन्न-भिन्न प्रकार के पक्षियों की आदतें भी अलग-अलग तरह की होती हैं और इस कारण उनके पैरों और पंजों का आकार और स्वीकृति की भिन्न-भिन्न होती है।

डाल पर बैठने वाले पक्षी

कौआ, गौरेया और मैना-जैसे डाल पर बैठनेवाले पक्षियों के पंजे लम्बे और पतले होते हैं। ऐसे पंजे पक्षियों को पेड़ की डालों को मजबूती से पकड़ने में सहायता करते हैं। ये पक्षी डालों पर बैठे-बैठे सो भी जाते हैं, उनके अँगूठे उन्हें गिरने नहीं देते। ऐसे पक्षी जमीन पर फुदक-फुदककर चलते हैं।

पेड़ों पर चढ़ने वाली पक्षी

कठफोड़वा और तोते-जैसे पेड़ों पर चढ़नेवाले पक्षियों के

पंजों की दो उँगलियाँ ऊपर व दो उँगलियाँ नीचे की ओर झुकी होती हैं। इन उँगलियों की सहायता से ये पक्षी पेड़ों की छाल को पकड़ सकते हैं।

शिकारी पक्षी

गरुड़, बाज और उल्लू-जैसे शिकारी पक्षियों के पंजे पैने और मजबूत होते हैं। ये पंजे शिकार को पकड़ने और लेकर उड़ने में उनकी मदद करते हैं। तुमने भी कभी ऐसे पक्षियों को शिकार लिए हुए आकाश में ऊँचाई पर उड़ते देखा होगा।

दौड़ने या खुरचनेवाली पक्षी

मुर्गी-जैसे पक्षी बीज तथा कीड़ों के लिए जमीन को कुरेदने व खुरचने के लिए अपने पंजों का प्रयोग करते हैं। इन पक्षियों

के पैर मजबूत होते हैं। उनमें तीन लम्बी उँगलियाँ आगे की ओर तथा एक उँगली पीछे की ओर थोड़ा ऊपर लगी होती है। इन उँगलियों में पैना सींगदार नाखून लगा रहता है। ये पक्षी जमीन पर चलते या दौड़ते हैं।

जलपक्षी

पैडी और सारस-जैसे पानी में रहने वाले पक्षियों के पैर लम्बे तथा खूबसूरत होते हैं। इनके पैरों की उँगलियाँ फैली हुई होती हैं। ये उँगलियाँ पक्षियों को नरम कीचड़ में धँसने से रोकती हैं। ये पक्षी लम्बी पैरों की सहायता से पंख गीले किये बिना पानी में इधर-उधर घूमते रहते हैं।

बत्तख-जैसे तैरनेवाले पक्षी की उँगलियों के बीच खा-जैसी एक विशेष झिल्ली होती है। इन झिल्लियों की सहायता से बत्तख पतवार की तरह पानी को पीछे धकेलती हुई आसानी से तेजी से तैरती है। पर अपने चपटे पैरों के कारण ये जमीन पर धीरे-धीरे बेढ़ंगी चाल से चलती है।

घोंसले बनाने के तरीके व बच्चों की देखभाल

अधिकतर पक्षी अपने रहने के लिए घोंसले बनाते हैं। अलग-अलग तरह के पक्षी अलग-अलग स्थानों पर घोंसले बनाते हैं। पक्षी घोंसले बनाने के लिए विभिन्न प्रकार के सामान का प्रयोग करते हैं।

भारत में पक्षी प्रायः फरवरी तथा मार्च क महीनों में घोंसले बनाते हैं।

तुम पेड़ों, टूटी-फूटी दीवारों, पुराने मकानों और रोशनदानों आदि में पक्षियों के घोंसले देख सकते हो।

कुछ पक्षी तो बिजली के पंखों के ऊपर भी अपने घोंसले बना लेते हैं।

पक्षी ऐसे सुरक्षित स्थानों में घोंसले बनाते हैं जहाँ उनके शत्रु न पहुँच सकें। यदि तुम कभी कोई घोंसला देखो तो उसे न तो छुओ और न ही तोड़ो, वरना चिड़िया दुबारा उस घोंसले के पास नहीं आएगी।

पक्षी घास-फूस, टहनियों, पंख, कागज, पुराने कपड़े, गूदड़, रुई, ऊन, मिट्टी और पत्तियों—जैसे वस्तुओं से अपने घोंसले बनाते हैं। घोंसला बनाने के लिए चोंच में सामान

लेकर बार-बार चक्कर लगाते हुए पक्षियों को देखने में आनन्द आता है। ये अपने बच्चों के लिए वास्तव में गर्म और आरामदेह घोंसला बनाते हैं।

बुलबुल बाड़ों और झाड़ियों में अपना घोंसला बनाती है। इसका घोंसला एक गहरे प्याले की तरह होता है। इसलिए अण्डे और बच्चे इससे नीचे नहीं गिरते।

दर्जन चिड़िया (फुदकी) दो या तीन बड़ी पत्तियों की सहायता से अपना घोंसला बनाती है। यह अपनी पैनी चोंच का सुई की तरह प्रयोग करते हुए ऊन, कपास या पकड़ी के जालों से पत्तियों को सिलकर आपस में मिला लेती है। चिड़िया घोंसले को गरम रखने के लिए इसमें कपास, ऊन, बाल महीन घास बिछाकर गुदगुदा बनाती है। पत्तियों का बना होने के कारण यह हवा में धीरे-धीरे झूलता है।

बया पक्षी (बुनकर चिड़िया) घस तथा ताड़ या केले की पत्तियों की बारीक पट्टियों से अपना घोंसला बुनती है। यह घोंसला पेड़ की डाल से लटका रहता है और इसका मुँह नीचे की ओर होता है।

कठफोड़वा पेड़ की छाल को काटकर कोटर बनाता है। यह तब तक अपनी चोंच से काटता जाता है जब तक यह पेड़ के किसी खोखले हिस्से तक नहीं पहुँच जाता। पेड़ के खोखले भाग का यह घोंसले के रूप में प्रयोग करता है। कठफोड़वा अपने कोटर को लकड़ी की बारीक चिप्पियों से गरम और आरामदेह बनाता है।

चित्तीदार उल्लू अपना घोंसला पेड़ या दीवार के खोखले स्थान में बनाता है। घास और पंख बिछाकर वह कोटर को आरामदेह बनाता है।

तीतर अपना घोंसला जमीन में बनाता है। वह अपनी चोंच से जमीन को खुरचकर उसमें गड्ढा बना लेता है। इस गड्ढे में वह अपना घोंसला बनाता है। सूखी घास और पत्तियों में घोंसले को आरामदेह बनाता है। तीतर घोंसला बनाने के लिए सावधानी से झाड़ियों और लम्बी घास से घिरे स्थान को चुनते हैं, जिससे उनका घोंसला आसानी से दिखाई न दे।

कोयल बहुत ही आलसी चिड़िया है। यह बहुत चालाक होती है, घोंसला बनाने का कष्ट नहीं उठाती। जब यह अण्डे देने वाली होती है तब कौवे के घोंसले में जाकर अण्डे दे देती है। अपने अण्डों को रखने के लिए वह कौवे के कुछ अण्डों को तोड़ भी डालती है। मादा कौवे की चालाकी का पता नहीं चलता। वह सभी अण्डों का सेती है तथा अपने बच्चों के साथ कोयल के बच्चों को भी खिलाती-पिलाती है, क्योंकि वे सब देखने में एक-से लगते हैं।

पक्षियों द्वारा बच्चों की देखभाल

जब घोंसला तैयार हो जाता है तो मादा पक्षी उसमें अण्डे देती है। अण्डों को गरम रखना पड़ता है। नर और मादा पक्षी बारी-बारी से अण्डों को तब तक सेते हैं जब

तक उनमें से बच्चे नहीं निकल आते।

अण्डों से निकले बच्चे आरम्भ में बिलकुल असहाय होते हैं। उनकी आँखें बन्द होती हैं, उनके पंख नहीं होते और वे इतने कमजोर होते हैं कि उड़ भी नहीं सकते। इसलिए उनके माता-पिता उनकी देखभाल करते हैं। वे उन्हें भोजन खिलाते हैं, उन्हें गरम रखते हैं शत्रुओं से उनकी रक्षा करते हैं।

मादा चिड़िया अपने मुँह में खाने को चबाकर मुलायम बनाती है और फिर बच्चों के मुँह में देती है।

जब बच्चे स्वस्थ हो जाते हैं और उनके पंख निकल आते हैं तो उनके माता-पिता उन्हें उड़ना और भोजन प्राप्त करना सिखाते हैं।

बिना देखभाल के पक्षियों के बच्चे जीवित नहीं रह सकते।